知物丛书

探野撷珍

TAN YE XIE ZHEN

罗桂环 著

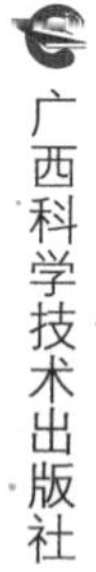

广西科学技术出版社

图书在版编目（CIP）数据

探野撷珍 / 罗桂环著；-- 南宁：广西科学技术出版社，2025. 1. -- ISBN 978-7-5551-2347-7

Ⅰ. N49

中国国家版本馆 CIP 数据核字第 2024MR2868 号

探野撷珍 TAN YE XIE ZHEN

罗桂环　著

策　　划：黄敏娴　　责任编辑：阎世景
责任校对：方振发　　营销编辑：刘珈沂
版式设计：韦娇林　　封面设计：梁　良
责任印制：陆　弟

出 版 人：岑　刚　　出版发行：广西科学技术出版社
社　　址：广西南宁市东葛路 66 号　　邮政编码：530023
网　　址：http://www.gxkjs.com　　电　　话：0771-5827326

经　　销：全国各地新华书店
印　　刷：广西民族印刷包装集团有限公司

开　　本：787 mm × 1094 mm　1/32
字　　数：207 千字　　印　　张：11.75
版　　次：2025 年 1 月第 1 版　　印　　次：2025 年 1 月第 1 次印刷
书　　号：ISBN 978-7-5551-2347-7
定　　价：56.80 元

格物以为学，伦类通达谓之真知

绪言

美丽的自然风光总让人难以忘怀。诗人白居易的深情吟诵:“日出江花红胜火，春来江水绿如蓝，能不忆江南？”千百年来引发了多少人的共情。笔者曾经去过一些著名的自然保护区，发现它们风光壮丽、动植物丰富多彩、生态系统景象万千，是增长知识和享受自然之美的惬意场所，于是根据体验和相关资料写下数篇小文与读者分享。畅游鼎湖山、武夷山自然保护区，容易领略到南方山乡的秀丽多姿、生物多样性的丰富和在山中探索的非凡兴味；漫步在西部的黄龙九寨，看着色彩缤纷的山光水色，感受到的是摄人心魄的“美”；徜徉在北方高原青海湖畔，跋涉在三江源国家公园，人们会对那里壮阔和恢宏的景观、生命的神奇适应能力、江河“源远流长”有真切的感悟；走进戈壁中的弱水河畔，置身于黑城废墟，“大漠孤烟直，长河落日圆”的画面感扑面而来，同时萌生“水为生命之源”的深切领悟。

成长于山乡，笔者对认识、欣赏鸟兽花果，了解它们的文化历史，怀有特殊的情结。希望阅读本书，欣赏着最早的一批大熊猫图片，了解这种世界“萌宠”早期的辛酸历史，人们会产生更多的怜惜；畅谈古人心目中的“仙鹤”，领略18世纪清代宫廷画家和法国艺术家笔下丹顶鹤的不同风采，进而对画家的不同视角有自己独特的思考；欣赏古人费心培育的金鱼，中国遗传学奠基人陈桢从中得到启发，并发现论证其变异符合孟德尔遗传规律。古人“玩物”本为艺术，不仅体现智慧，还带动科学。法国学者在东北调查人参，以自己的学识“触类旁通”推测加拿大也产人参（西洋参），从而给国人提供一味著名中药的往事也不乏启迪。另外，月季花的兴起、罂粟花的消沉、葛丝消沉、葛根兴起，这些植物开发与利用的变化，会让读者生发“各领风骚数百年”的感慨吗？桂林的罗汉果、新兴的猕猴桃，希望能给今后生物多样性的保护提供一些思考。

探索大自然的野外科考，艰难而又充满刺激。笔者希望通过回顾一些著名的博物学家探索植物、动物和地学古生物的掌故，让人们投身自然时有更深层的感触。书中述及著名的地学家、植物学家如斯文·赫定、威尔逊和布林等影响深远的野外科学考察工作，以及西方人诠释“中国园林之母”到“中国是花卉的王国”的深意；蚊香的发明、西洋参的开发、西方确认茶叶原植物和罗布泊是否“游移”，历史上综合科学考察的成果取得等有趣历程，无疑对科学认识深化过程的艰辛，以及各类知识的获得对促进生产发展和社会进步的重要意义，能提供有益的启示。

若这本小书能更多地引发读者对祖国自然保护区的“美”的共鸣；对科学家求“真”的探索产生兴趣和启迪；对保护环境和生物多样性，进而对传统的“正德”“厚生”的“善”有所感悟和兴会，则它的出版不算“灾梨祸枣”。无论如何，笔者在此都要深深地感谢广西科学技术出版社常务副总编辑黄敏娴和编辑阎世景，她们为此书的出版付出了大量心血，同时也在此对《生命世界》编辑部的林月惠女士、《科学月刊》编辑部的张之杰先生表示衷心感谢，多年来他们为拙文的刊发给予了大力的支持和帮助。当然，笔者也深知自己学识有限，不当之处在所难免，尚祈方家指正。

目录

栖清旷于山川

自将磨洗认前朝

栖清旷于山川

※弱水感怀

追寻先贤的足迹，我们远离了都市的喧嚣，逐渐深入寂寥、苍茫的戈壁滩。偶尔传来的马蹄碎步，独显弱水两岸的空旷和广延。夕阳下，破败的墙垣、坍塌的烽燧，早已不复昔日“秦时明月汉时关”的雄浑。岁月无情，名将霍去病和李陵率领金戈铁骑出征时的风云雷动已经远逝，留存的只是眼前凉风下瑟瑟微颤的遗迹。周围是无尽的黄沙，忽隐忽现的弱水（额济纳河）在斜晖的映照下，呈现一幅地老天荒的景象。不知不觉中，我们置身于“大漠孤烟直，长河落日圆”的壮丽画卷中。

大漠斜阳

弱水是古老而又神秘的河流，如同早年记述它的《山海经》那样令人难以捉摸。它发轫于巍峨祁连的皑皑雪山，却被称为“黑河”，穿越深邃的南山走廊，北泻干旱的巴丹吉林流沙而成“弱水”。迤逦跋涉荒原300公里，终于无力前行而潴成宽阔清澈的东西“居延海”。弱水徜徉在遥远的北疆大漠深处，周边风大、沙多，气候严酷。古人感叹“胡地玄冰，边土惨裂，但闻悲风萧条之声；凉秋九月，塞外草衰”，真切地点染出其所处“瀚海流沙”的苍凉。尽管很早见诸史籍，难于“亲近”却让它依然神秘莫测，但它无疑是塞外十分重要的一条河。这缕轻柔的清流不仅给森肃刚劲的大地平添了灵秀，更使这里有了生命世界的斑斓色彩，维系着广阔地域生灵的安详。这里有苍凉悲壮的景观，有深厚凝重的人文积淀，是让人难以忘怀的“弱水三千”。

清流凝秀色

穿行于广袤的居延大地，映入眼帘的无论是黑色的狼心山抑或是飘尘的绵延黄沙，都给人以极端干旱的印象。置身这里，“水是生命之源”的真谛是如此直观，弱水的“脉动”很自然地吸引国人的关注。

缓缓而来的弱水，给沉寂的两岸带来难得的生机，孕育出周边顽强的生命。随清流的涌动，绿色徐徐展开。这里的植物特色可用郑板桥的诗句来形容：“千磨万击还坚劲，任尔东西南北风。”它们的种类不多，但形态各异，在“沙场”中透着刚毅和坚强。常见的骆驼刺、骆驼蓬、沙枣等植物，仅名称就很容易让人联想到它们生长环境的严酷和生态习性的非同寻常。它们通常有叶小、有毛、带刺或根系发达等适应干旱地区生活的典型特征。类似的植物还有白刺、梭梭、猪毛菜和膜果麻黄。

猪毛菜

这里的自然环境无疑非常严酷，不过，植物并非全都其貌不扬、苦涩不堪。实际上，它们中有的色彩鲜明，有的味甜芬芳。我们来到河流下游，正值初夏，沙滩上怒放的苦豆子白花分外娇艳；还有叶子布满白毛、俨如饱经沧桑老者的沙枣，璀璨的黄花洋溢着馥郁的芳香；更有在平沙上舒展藤蔓的甘草。它根味清甜，是少数配以“甘”为名的植物，千百年来位列中药魁首，号称“国老”。而这里最常见的柽柳，以赤红的茎秆、硕大的玫瑰色花序跻身园林植物。它们在荒漠中形成一个个“柽柳包”，是防风固沙的重要屏障，曾是人们不吝赞美的坚强象征。

苦豆子

弱水周边最神奇的植物要数胡杨。它广泛分布于弱水两岸和下游的三角洲，只要维持适量的水源，就能茁

胡杨

壮成长，形成大片的森林群落。高大伟岸的身姿昭示着生命的倔强和风采的不凡，而多端的变化更让人感叹它犹如自然界中的“弄潮儿”。幼小的胡杨，叶长柔弱有如垂柳，长大后叶子逐渐变短、变圆，最终叶的形态略似黄栌。出于这个缘故，它又被称为“异叶杨”。胡杨不但叶形多变，而且季相变化也非常明显。春夏叶色青青，入秋叶片转黄，深秋则鲜红一片，“堪话吴江”。如今，每到 10 月前后，受到保护的一片片胡杨林变成黄色、红色的秋华，流光溢彩，令人目不暇接，美不胜收。当地的“胡杨节”让游人流连忘返、眼界大开。胡杨叶形的这种变化和色彩的多姿，谁能说不是造物对本地物种稀少的一种补偿呢？

胡杨林下芳草萋萋、景色葱郁，有如江南风光，充满柔美秀色，不时还可见当地蒙古族人在林中撑起的蒙古包，在蓝天白云的映衬下，洋溢着一种田园诗的美。

荒原动物今何在

在旅行中，我们发现当地植物群落还有可观，不免产生多看到一些野生动物的奢望。然而，无论穿行林中还是驱车莽原，野生鸟兽都很少见，这未免让人遗憾。要知道，根据20世纪二三十年代的相关记载，弱水两岸不但生长着茂密的胡杨林和柽柳丛，河道附近和居延海边分布着成片芦苇和长势良好的牧草，而且不少飞禽走兽都把这里当作自己的乐园。

得益于植被的庇护，当时大型的野生动物在这里并非鲜见。除矫健的野骆驼在河边出没外，还可见剽悍的野马和野驴驰骋在周围的荒原中，更常见的有蹄类食草动物是盘羊和黄羊。尤其是黄羊这种美丽温顺的动物，它们以灵巧和旺盛的生命力，在这片地广人稀的地方大量繁衍。灌木丛中、干草地下，野兔特别多，还有跳鼠活跃在沙丘上。科考人员在这里收集过非常有地方特色的三趾心颅跳鼠，与他们相伴的食肉动物则有狼、狐狸和野猫。这里的狼狡诈凶残，不但捕杀黄羊等野生动物，还常常偷袭牧民的牲畜。

当时河道两旁林密草深，加上当地牧民笃信佛教，不杀野生动物，鸟兽如雉鸡、黄羊、盘羊、野骆驼等都得到很好的保护，使这里成为一处名副其实的野生动物天堂。树丛中形态呆憨的雉鸡数目众多。在此考察的瑞典探险家斯文·赫定（Sven Hedin）曾经写道："在乌波音河（弱水东边支流纳林河）对岸的沙丘上……长着茂密的柽柳，里面藏着许许多多的雉鸡。佛教徒是不杀生的。这些野禽好像知道没有人会去抓它们，居然径直走

20 世纪二三十年代弱水两岸的胡杨林

近帐篷，送上门来。”在这里的河流、湖泊中活动的鸟类还有很多，譬如鸳鸯、灰鸥、鱼鸥、天鹅等。考察队员曾收集到约 70 种鸟类标本。河里、湖中还有不少鱼。人们在此发现的爬行动物则有沙蟒、沙蜥。

毫无疑问，这一切都已经过去。主要原因之一就是弱水上游来水量的逐年衰减，直接导致野生动物生存环境的恶化，加上人类的猎杀和垦荒，使河流两边众多的大型兽类如野骆驼、野马和野驴等有蹄类动物已永远地失去家园，盘羊和黄羊也难觅芳踪，狼和狐狸等食肉动物也非常少见。几天的考察，我们看到的鸟类只有环颈雉、野鸭子、天鹅和鱼鸥，鱼类包括“大头鱼”（当地特产的一种鱼，可能是长鳍吻鮈）、鲤鱼、鲫鱼等，爬行类只看到沙蜥。在当地生存下来的鸟类和鱼类的数量也大为减少。只有那些个体较小、适应性很强而又难于捕猎的野兔和跳鼠等啮齿类动物依然很多。

一片孤城四面沙

水不仅决定动植物的分布，对人类社会也有着至关重要的影响。在距纳林河东 10 多公里、东居延海南面 40 多公里的地方，有一座久已荒废的破城遗址，这就是黑城，蒙古语称喀喇浩特，喀喇是黑的意思，浩特是城的意思。之所以名黑城，或许有它在黑河（下游）旁边的缘故。据说这是著名的古丝绸之路保存最完整、规模最大的一座古城。

黑城东西长约 420 米、南北宽约 370 米，总面积达 15 万平方米。来到这个空旷的神秘之城，偌大的一个城就我们数人活动，心中总有一种莫名的沉重。城中到处是细沙和碎石，还可看到一些破碎的陶片；城墙两边几乎被沙堆夹包；城西北角的佛塔和城外的一座小清真寺昭示着这里曾经的文化交流。举目皆是大漠的荒凉，偶尔可见一小株柽柳，可称得上是“一片孤城四面沙”。

历史上这里曾经是一座繁华的城市。在城镇兴起时，弱水东面的支流更偏东，或者在东面还有一些支流，维系着黑城居民的生存需要。20 世纪 30 年代，科考工作者发现，在城东、城北仍有沟渠和农田的遗迹，这说明黑城过去离河不远，曾经长期垦殖。这种状况一直存续到元末明初。它被废弃很可能与罗布泊附近的楼兰一样，因河道变迁导致水源不足，缺乏维系生命的基本条件，人们只好放弃家园。换言之，后来当河流因淤塞而改道，附近的湖面也逐渐干枯，水流往西不再经过城市的旁边时，这个城市就被废弃了。这是又一处缺水导致人类“出逃”的生动写照。

黑城遗址

这颗曾经繁荣的丝路明珠，在风沙无情地侵蚀下，原本高耸的巨大城墙和稠密的建筑物，后来只剩下断壁残垣。随岁月的流逝，这座著名的城池，逐渐被湮没在古丝绸之路上。直到 20 世纪初，这座沉寂了 500 多年的古城，才重新回到人们的视野。1908 年 3 月，长期在中国西北考察的俄国军人、探险家科兹洛夫（P. K. Kozlov）途经居延，在当地向导的帮助下，找到了黑城遗址。他们在城中掠走许多珍贵文物，包括约 2000 册用西夏文、汉文及其他文字写成的书籍，还有许多陶片、兵器、钱币和其他一些珍贵的佛教艺术品。这批文物用了近百峰骆驼才运回俄国。这些发现都是研究西夏史和当地历史的极为罕见的珍贵资料，与后来同在弱水流域发现的居延汉简一样，震惊全球学术界，黑城遗址因此蜚声世界。

我们在城西北角的几座佛塔和被风侵蚀的城墙上久久地流连，费劲地在沙山上漫步。耳边仿佛响起《梦驼铃》“何处传来驼铃声，声声敲心坎”的歌声。偶尔凉风挟沙扑面而来，不免有些“东关酸风射眸子”的神伤。往昔的繁华早已逝去，如今只剩下倾覆的建筑物和几座孤零零的佛塔。城中的空旷使我们深感脚下的亘古荒凉。周围的流沙和风声让人心生无限感慨，联想近代这里遭受的侵掠，一种难以言表的悲情涌上心头。岁月悠悠，弱水居民恰似仓促过客，戈壁茫茫，边城冷月依然霜笼黄沙。

怪树林下的沉思

在黑城西北不远的纳林河畔，我们看到一处当地人称“怪树林”的地方，眼前的景观让人触目惊心——一大片的胡杨林因缺水死去，它们或只剩下主干和残枝，或已经“横尸”大地、逐渐化为尘土；少量犹存绿

怪树林

叶的树木，也已奄奄一息，在干旱的沙海中忍受痛苦的煎熬。

景观凄惨的“怪树林”，原是一片东西数公里宽、南北十多公里长的胡杨林。上游来水量的逐年减少、地下水位的下降和极端干旱的天气，使这片曾经郁郁葱葱的胡杨林在缺水的环境下慢慢地枯死了。这些无法挪动的生灵，在经历了缺水的无奈、哀伤和不屈后，停止了最后的挣扎。它们的树干和枝杈失去了曾有的伟岸和美丽，无情的黄沙掠走它们身上最后的水分，炎炎烈日的持续炙烤使它们扭曲变形。狂风烈日的严酷摧残早已使它们面目全非，凄郁无色，甚至有些狰狞。那些经磨历

劫依然留存的枯枝像一双双绝望地伸向天空的手。这是一幅何等惨烈悲壮的景象！从中人们仿佛看出它们临终前的无助、挣扎、抗议、呼号和愤怒。掠过林中的悲风呼啸，有如它们凄厉的幽怨声在上空回旋，饱含它们对生命尊严的呼唤。行人至此，即心如铁石，亦不免深感悲怆。

绝望的哀告

怪树林的出现，是当地环境恶化的一个缩影。20世纪前期，东西居延海还是一片汪洋，水面宽达数百平方公里。后来，上游人口不断增多，导致大量截水，流到下游的水量逐年减少。到了 20 世纪 90 年代初，这两个湖泊和新疆的罗布泊一样，先后干涸。上游来水量的减少、当地人口和牧畜的迅速增长，还使当地的地下水位逐渐下降，天然乔灌木林成片死亡，周边的植被迅速退化。沙包植物的不断枯死，使绿洲退化、沙漠化扩大，人畜赖以生存的绿色屏障因此被毁坏。自从 20 世纪下半叶以来，这里已经有数百万亩的水域、农田和林木草场变成盐碱滩和沙漠化土地，成为沙漠化的一个典型地区。

居延海盆地原本就是沙尘的主要来源地之一，这里沙丘纵横、遍布原野，流沙受风力影响向南推进。植被的破坏和居延海干涸导致的水面减少，还使土地盐碱化、沙漠化加剧。伴随着水域的消失、植被的破坏，灾害性的天气频频增加。每到春天，流沙随风而起，这里逐渐变成北方沙尘暴的一个形成中心。让人记忆犹新的是，在居延海干涸后的 20 世纪 90 年代中后期，连续数年出现特大的沙尘暴天气，给当地带来严重的经济损失，还严重影响甘肃、宁夏，甚至山西、北京地区人民的生产和生活。笔者清楚地记得，有一年正值北京大街小巷的榆叶梅和连翘如火如荼盛开的时候，一场突如其来的泥浆雨，不但大煞风景使花颜失色，而且使楼房和车辆斑斑点点，惨不忍睹。

面对眼前枯死胡杨如横尸白骨的悲惨景象，遥想北京等地曾遭遇沙尘暴的频侵，不禁让人感触良多。真可谓：

哀诉苍穹骨有魂，泣血黄沙痛失声。
奈何截断祁连雪，凄风呜咽澄宇昏。

在我国众多的河流中，弱水是那样遥远而陌生，甚至知道它是我国第二大内陆河下游的人也不多，但它却又如此真切地影响着我们华北居民的日常生活。它制约着当地的植物群落、动物分布和人类聚落，对当地脆弱生态环境的稳定发挥着举足轻重的作用，进而对我国整个华北地区产生极大影响。人们从中很容易理解环境问题难以分割的系统性。目光短浅，过度开发黑河上游河西走廊，让我们在一段时间内忽略了对这弯“弱水”应有的呵护，从而导致生态屏障的毁坏，北方广大地区无端多了一个祸根。但愿我们能从考察自然的过程中增长智慧，从以往付出的代价中吸取教训，统筹规划好国土资源的合理开发和利用，为自己和后人的持续发展留下更多的碧水和蓝天，以及由此带来的安详。

⁕ 青海湖随笔

西北明珠

久蛰蜗居，空气浑浊，更兼周围道狭车嚎，时觉烦闷，便思远足散心。尝记西北高原所学友见招，更联想到唐代诗人王昌龄名句：“青海长云暗雪山，孤城遥望玉门关。”诗中所描绘的壮阔苍凉原野，正适合游娱放松，让身心获得自由，随即启程前往。

青海得名源自远近闻名的青海湖。这个湖面海拔3000多米，由日月山、大通山和青海南山环抱，蜿蜒数百公里，水深20～30米，湖面达4500平方公里的大湖，宛若青藏高原边上的一颗璀璨明珠。她碧波万顷，风姿绰约。缘于日光在水中的折射，湖面泛着碧绿的涟漪，这便是“青海”、“库库淖尔”（蒙古语青色的湖之意）和“错温布”（藏语，青色的湖）的由来。这个中国内陆最大的咸水湖地处偏远，自古给人一种荒僻、神秘之感。《明通志》记载，青海在西宁卫城西300余里，周环数百里，水中产一种背有黑斑的无鳞鱼。整个青海湖，

青海湖（彭敏 / 摄）

“冬夏不溢不干，自日月山望之，如黑云冉冉而来”。在古人眼中，青海湖以产裸鲤[①]（*Gymnocypris przewalskii*）闻名，她有如大海，不溢不干，无边无际。

在古代，青海湖又称西海、仙海、卑禾羌海、鲜水海，在历史上与积石山一样，久享盛名。湖的周围有良好的草场，也有荒漠沙滩。元代诗人形象地写下：“青海无波春雁下，草生碛里见牛羊。”周边常见普氏原羚（*Procapra przewalskii*）、藏野驴等多种珍稀兽类出没，那里也是藏族、蒙古族等当地少数民族扬鞭策马的辽阔牧场。她在藏族同胞心目中尤其神圣，待她有非常圣洁的宗教情感。青海湖的壮丽景象不仅为虔诚的藏族人膜

① 也称湟鱼。

拜，也让近代西方的博物学家和探险家神往。

1869 年，踌躇满志的法国传教士谭卫道（A. David）在四川的穆坪（今宝兴）蜂桶寨一带收集到大熊猫、金丝猴、扭角羚等大量珍稀动物的模式标本之后，被人引到川北的龙安（今平武），在那一带山区观光采集月余。不知在哪个水域旁边流连过，就宣称到了鼎鼎大名的青海湖，殊不知离目的地依然遥远。1872 年冬，俄国军人普热瓦尔斯基（N. M. Przewalski）率领一支考察队来到这个魂牵梦绕的大湖边，不禁欣喜若狂。她神秘的面纱从此被西方侵入者揭开。后来，这个俄国人还多次来这里，对这里的水文、地理和动植物进行了考察，发现这里不仅鸟兽种类繁多，还是众多珍禽的繁殖地和候鸟迁徙通道的重要落脚点。他们在湖中首次收集了裸鲤的标本，把湖中丰富的美味鱼群当作食物主要来源，还在注入湖北部的布哈河捕获另外一些鱼类新种。他们还注意到湖畔荒漠草原最显眼的动物是藏野驴，通常十多只组成一群，有时也麇集成数百只的大群。① 他们在湖畔收集了藏羚羊和藏野驴的标本，发现来湖滨湿地和沼泽草甸的冬候鸟及夏候鸟等有大雁（灰雁）、绿头鸭、绿翅鸭、黑颈鹤（*Grus nigricollis*），善于捕鱼的鸬鹚（*Phalacrocorax carbo*）、渔鸥（*Larus ichthyaetus*）、红嘴鸥；发现当地藏族人视为神鹰的胡兀鹫（*Gypaetus*

① PRZEWALSKI N M. Mongolia, the Tangut Country, and the Solitudes of Northern Tibet Vol.Ⅱ[M]. Translated by E. D. Morgan. London: Sampson low, 1876: 145-146.

鸟岛上的斑头雁（彭敏 / 摄）

barbatus）常在湖畔觅食，还有鵟、隼、鹰在冬天来此捕食野兔；发现湖中还有斑头雁（*Anser indicus*）等众多鸟类在此栖息繁殖而著称的鸟岛。他们注意到周边引人注目的长嘴百灵鸟。值得一提的是，这个俄国人还在附近的草原上看到奇妙的“鸟鼠同穴”现象——一些小型的鸟类与高山鼠兔同穴而居。自从普热瓦尔斯基来此狩猎游荡后，来这里收集藏野驴、普氏原羚、鹅喉羚、野牦牛以及各种鸟类和鱼类标本的人多了起来。普热瓦

尔斯基的学生、俄国军人科兹洛夫后来还在湖中海心山进行过考察测量，记述了岛上的动植物。这些都成为他们重要的地理“发现”。

普氏原羚（彭敏/摄）

湖边流连

光阴荏苒，斗转星移。我们前往青海湖的时候，湖中的湟鱼已经成为禁止捕捞的保护动物。时值中秋，在湖西北隅鸟岛滞留、繁殖的主要候鸟斑头雁、棕头鸥也已离去，但多姿而别致的高原风光依然足以令人向往。

学友驱车出城，来到高高的日月山，这里是“唐蕃古道”的重要隘口，为农牧区的天然分界线和青海省内流河和外流河的分水岭。到了山口，映入眼帘的是茫茫的青葱草原。传说当年文成公主把一面日月宝镜摔在这里，成就了这个农牧交接的地带。她因远离故乡伤心痛哭的眼泪，西流而成当地著名的“倒淌河”。当然这只是一个美丽的传说。实际上，是因为日月山不断地隆升，使原本流入黄河的河水倒流。往事如烟，文成公主早已梦断香消，而她“捧心常觉不分明”的往事，仍然被人们附会出各种传奇故事。

来到辽阔的青海湖畔，湛蓝的湖水烟波浩渺，水天一色。高原的凉风，带来清新的涤荡；秀丽的湖光山色，令人心舒气爽。纵情山水，确实为涤虑除烦之良药。是岁恰逢藏族 60 年一届的祭海盛会，班禅活佛亲自主持了此次大典，祈求“海神”保佑天下风调雨顺，百姓平安，大众安居乐业。我们到的时候，虽祭典高潮已过，但仍有沿“海”磕长头的虔诚祈福者，以及兴犹未尽开车“转海”的人们。高高的祭海柱上，哈达迎风飘扬，同时传颂着其上书写的神圣“六字真言”。湖周依然弥漫着浓厚的纯真、古朴、高旷和庄重的宗教气氛，承载着一种深沉而美好的期盼。

湖中藻类很多，不过西方旅行者笔下的密集鱼群因连年的过度捕捞早已不复存在。眼下时值 9 月中旬，渐凉的天气已使许多水鸟离开湖区寻找温暖的地区越冬，但这里仍然游荡着久久不愿离去的灰鸬鹚和白色的渔鸥。它们在寻觅着湖中名产——青海湖裸鲤。尽管这是禁捕捞的水产，但法不治鸟，这些贪食的精灵依旧在此觅食忘返。近处，角百灵（*Eremophila alpestris*）婉转地歌唱，远处有奔走的欢快羊群和传来的悠扬牧歌，诗情画意的景观令人陶醉。

不觉间，我们走进深入湖中的“二郎剑”沙滩。传说当年孙悟空和二郎神在此进行了一次惨烈的激战，二

“二郎剑”沙滩（彭敏 / 摄）

湖畔果实已经成熟的甘青铁线莲群落

人打得天昏地暗、难解难分，最后二郎神的剑被挑落湖中，铩羽而归。后来人们惊奇地发现，落剑化作这道修长沙滩，直指湖中。此处湖边牧地因过度放牧而退化，呈现一派荒漠景观，但也不像唐代诗人所云“青海戍头空有月，黄沙碛里本无春”那般荒凉。香味浓烈的沙葱和开着艳丽黄花的苦荬菜在旷野中点染着生命的律动，渐渐枯黄的二裂委陵菜和硕果累累的镰荚棘豆（*Oxytropis falcata*）则在努力完成自己的生命周期，一片顶着毛茸茸花丝的甘青铁线莲（*Clematis tangutica*）彰显荒漠生物的顽强，来日无多的蚂蚱仍在草丛中浅酌低唱。

告别二郎剑，我们沿湖东行来到倒淌河流入的小白湖。这里湖水波光粼粼，映照着蓝天白云。远处岸边的芦苇依然碧绿，近处水中的一片莎草科植物的花则呈现一片黄晕，构成这里特有的秋色。在这些高大的水草群落附近的湖滨实地中，依然有一群群赤麻鸭嬉游，它们姿态悠闲，似乎并不急于离开这块美丽的地方。

湖边湿地活动的赤麻鸭

金银滩遐思

在湖畔荒野考察了半天，不经意间已经饥肠辘辘，来到湖边一个小饭馆。置身此地，深感旷野寂寥，门可罗雀的荒郊野外之意味深长，与城市的摩肩接踵形成鲜明的对照。清秋的高原湖畔深处早非人流涌动的旅游胜地，加之交通不便，没有车，只能在一个地方徘徊，光顾者自然少之又少。走进饭馆，两个服务员热情地招呼了我们。别看此处生意清淡，饭菜贵得一点都不含糊，这里的糖醋白菜价格高于城里的回锅肉。学友点了个据说是外地不易吃着的特色菜——羊肉黄蘑。黄蘑乃此地特产，食前亦让人欣欣然。可惜都是些个头微小的“黄蘑孙子”，菌盖只有小拇指甲那么大，食之无味；混迹其间的羊肉更是“坚如磐石”，难以嚼动。这菜真是价格不菲，味道一言难尽。至于白米饭，也颇显地方干旱特色，生硬不熟，大约高原气压低的缘故。

用餐之后，学友带我们来到“拉登风景区”。它处于大湖东端，一派大漠风光。沙丘上仅零零星星地生长着一些沙棘（*Hippophae rhamnoides*）、香青、刺沙蓬（*Salsola tragus*）和黑柴。沙滩的侵蚀，是大湖慢慢变小、变浅的重要根源。想想又觉可笑，何人脑洞如此大开，不惧活佛降罪，将这样一个神圣的地方与拉登扯上关系。烈日下，一些游牧于此的绵羊在昏昏欲睡。忽然间，灌木丛中蹿出一只青海沙蜥，探头探脑打量着面前这些不速之客。看着“波光粼粼”的沙山，随风轻移的沙粒，顿生攀登之想。虽说山高无路，一番手脚并用，埋头勇攀，终于爬上最高山头。脱鞋踩沙，松软宜人，只是沙堆吸热过多，灼人脚掌。鸟瞰湖区，水色青青，远接天际，清风徐来，澄我胸襟，感受着旷野中天人合一的美妙。

揖别沙山，迤逦进入富有传奇色彩的金银滩。这是一片茵茵如软玉的针茅草原。白色的帐篷沐浴在金色的夕阳下特别醒目。欢快的藏族同胞在传统乐声的伴奏下载歌载舞，伴奏音乐是脍炙人口的“在那遥远的地方”。发生在这里的王洛宾和卓玛的动人爱情故事，历经时光的沉淀，似乎愈加浪漫而传奇。为王洛宾深爱的卓玛如今已经固化为雕像，她那深深期盼的眼神，似乎寄托着无限的思念。“昔人已乘黄鹤去”，只有“在那遥远的地方”回荡在这广袤的苍穹，诉说着那段无限伤感而凄婉动人的爱情故事，令人荡气回肠。此情此景，不禁联想李白诗中诚云:“君不能学哥舒横行青海夜带刀，西屠石堡取紫袍。”而作为一介书生的王洛宾能在“霜风凄紧，关河冷落”的境遇中，徜徉在辽远苍茫的西北，让自己在忘我和执着的艺术追求中升华，成就独树一帜的永恒经典。伴随那悠长而凄美的情歌代代传唱，让人铭记他那离奇人生和命运的乖桀。

金乌渐落，暮色降临，带着些许的不舍，我们结束了青海湖边的流连。东升的皓月，给草原披上一层淡淡的银光。带着惬意，带着遐思，我们轻快地踏上返城的旅程。

⁂ 故乡的冠豸山

离别故乡一久，便会想起离家不远的冠豸山。它是那样的凝重而巍峨，让人心生一种挥之不去之感。丛生于山崖石壁罅隙中的各种顽强植物，使苍茫的山色透着鲜活。那是一座风景独特、流传着美丽传说的山，是周围居民永远的“心灵家园”。

冠豸山外景（富生提供）

庄严与灵动

冠豸山坐落在福建省连城县城东，属典型的丹霞岩地貌景观。千百年来大自然的“鬼斧神工”成就这里众多外形光怪陆离的岩石，猴石、祖石、五爪石难以枚举。冠豸山本身也以石峰得名，古时人称“东田石”。冠豸山为当地人所景仰，主要缘于山石，它关联着永恒和崇高。岩石上众多的摩崖和主峰下的“仰止亭”是最好的诠释。如今，巨石构成的主峰早被冠以美名“莲花峰”；

五爪石

不知何时，又进一步将山峰的左边部分称为灵芝峰，右边部分称为五老峰。现在有人说冠豸山是因山峰像“獬豸冠”得名，实际上也是据石峰形态附会的“雅作”。透过山峰名称的更迭，很容易领悟人们在崇“高”过程中，内涵随之丰富和升华。

冠豸山脚下流淌着一股清澈的溪流，当地人给她取了一个动听的名字——文川河，这是福建流域面积最大的河流——闽江上游的一条支流。她蜿蜒如玉带，又似一缕飘飞的白练，给巍峨的丛山带来灵气，增添了秀美，使前山的风光刚柔并济、充满韵味。得益于她的滋润，开阔的河岸成为良好的果园，春天有带雨的梨花，夏天有飘香的柑橘。

平川中拔地而起的冠豸山，孤高陡险，颇显造物神奇，让人充满遐想。岁月悠悠，谁也说不清楚人们何时开始前往寻幽探胜。山中的嶙峋怪石、幽壑清泉、苍岩芳草、闲云野鹤很早就为人知。宋以后还招来一些学者、隐士、山僧在此讲学、栖居，山上开始出现各种草堂、书院和寺观。于是，这里又成为学者谈经论道，僧尼修炼心性、弘扬佛法的场所。其中不乏名流，如南宋时期在莲花峰下仰止亭中讲学的理学家罗从彦。不仅如此，这里还常常是乱世时城中官吏避难的“堡垒”。随着岁月的迁移，流连者增多，山中岩洞、流泉、各种象形石，乃至花草树木，在和人结契的过程中滋生了种种故事，而其中许多又被演绎成美丽的传说，给周边居民提供各种精神慰藉，这反过来又给冠豸山增添神奇的魅力。美妙的自然就是以这样一种曲折的过程转化为人文菁华，滋润人们的心田，给这里披上了一层绚烂的人文色彩。

青林芳草

漫步在冠豸山上，很容易感受到山峰的险峻、流泉飞瀑的轻盈、岩壑的幽深。同样值得称道的是，山中多有美妙的植物，纷呈旖旎风光。尤其是这里固有草木，不同于“草堂”边青葱的茶园，更与“梵宫”门前、墙角程式化栽培的山茶、芭蕉和女贞异趣。它们是造化的产物、地被的表征。

福建山区最常见的植被是青松，冠豸山也不例外。这是一种生命力极强、用途广泛的乔木，也是传统文化中坚贞不屈、高风亮节的象征。当地人对松树之喜爱，很容易从众多的景点名称中看出，如“印松麓”“听松亭”“松竹书院”，等等。不过上述地方原来的松树大多已不可见，唯在后山人迹罕至的地方存有一些大松树。

山上最有名的松树，要数前山山麓那株高大伟岸的“迎客松”。历经沧桑的粗大树干，昭示着它曾经的峥嵘岁月。作为名山古树，它身上积淀着深厚的文化意蕴，以至蒙昧的“刀斧手”也不敢对它妄加荼毒，这也是它能躲过 20 世纪 50 年代“大炼钢铁”时期的劫难得以幸存的原因。当然，最美的是后山靠近石门湖风景区连岗接阜的苍翠松林，它们生机勃发，呈现南方特有的清秀柔美山色。

与青松相映成趣的是当地的兰草。得益于当地温暖湿润的气候，山的阴坡石壁上生长着数种漂亮的兰科植物，最为人称道的是建兰。建兰是闽西人最喜爱的观赏植物之一，人们激赏它株丛的秀丽、花枝的优雅和清香，更赞赏它深藏不露的含蓄秉性。它是花中君子，是品行高洁的象征，自古被誉为“天下第一香”。在五老峰的西面，有一处名为“芳兰谷”的景点，这是巨石裂开的一条狭窄罅隙，故此又称“小一线天”。这个地方确实很清幽，人往谷里走的时候，顶上狭窄的天空越来越小，最后竟不可见，只见光线从对面穿射过来。早年这条石缝下方密生着许多兰花，整个沟谷花香充溢，故取名“芳兰谷”，可称是一处“空谷幽兰”的美妙景观。如今，故乡仍旧是建兰种类最多、栽培兰花最盛的地方之一。

除建兰外，常见的还有石仙桃（*Pholidota chinensis*）和铁皮石斛（*Dendrobium officinale*）。它们附生在陡峭的石壁上，植株丛小而秀丽。石仙桃的卵圆形假鳞茎端头长着两片叶子，非常好看，茎端开着美丽的小黄花，是很好的观赏花卉。铁皮石斛在当地称“吊兰”，黄色的花开放时很娇艳。这两种植物紧贴悬崖而生，显示出生命力的顽强。长久以来，两种植物一直被当地用作“活血祛瘀”及“滋阴、补益和清热”的良药。除此之外，阴湿的石壁上还长着不少颇招人喜爱的野生紫玉簪和虎耳草。

石仙桃

铁皮石斛

与上述喜荫的兰花不同，匙叶黄杨（*Buxus harlandii*）常常分布在比较向阳的石坡旁。穿过五老峰和灵芝峰之间的“一线天”，来到后山的蜈蚣岭，可以看到在石壁上凿出的台阶两边长有成片异常坚硬挺拔的灌木——匙叶黄杨。这是一种生命力极强的树木，它生长之缓慢，很容易让人注意到它成长的“艰辛”。它枝干苍劲古朴，叶子亮绿美观，是颇受人们青睐的观赏植物。

这里的山谷中还有众多富有观赏价值的攀缘植物。在芳兰谷的西面，有一个大岩洞，可容百十号人，曾是旧时一位名士读书的地方。洞口尚存一些断壁残垣，周边密布很有观赏价值的薜荔、野蔷薇等藤蔓植物。薜荔的果实无论大小和形态都很像无花果，当地人称“牛奶子”，原因是它能分泌白色的乳汁。野蔷薇又叫多花蔷薇，春夏之间开花时绚丽异常。入夏时，这里还有盛开的金银花，把环境装点得非常幽雅和芳香。

下到通往石门湖的山谷中，展现在前面的是一条积沙小道。谷中长满人称“野桄榔”的黄藤。在这深谷中，潮湿温暖的小气候使这种长得十分茂盛、叶片修长、枝

“野桄榔”

干带刺的植物“只可远玩，不可近亵”。整个谷中一派葱翠碧绿，难见天日，还有流泉穿行其间。盛夏时节，人行其下，凉风习习，暑烦顿消。深秋时节，“野桄榔”果像一串串小荔枝，让人赏心悦目，真可谓一处奇妙的亚热带植物风光。

这就是冠豸山，无论是悬崖的“吊兰”、空谷的“幽兰”，抑或石壁上的黄杨，还是山坡丛生的青松，都会让人联想到“适应”的奇妙、生命的多姿，同时引发许多人生的感悟。

湖水清悠

因从小在水乡成长，笔者对水景怀有特殊的亲切感。“南人看景多亲水”可谓至理名言。水代表着灵动，是生命之源。观赏过冠豸山的奇石和美丽的植物景观后，来到山后的石门湖流连、戏水，堪称完美的“纵情山水”。

深藏于山后的石门湖是一个窄长的人工湖，本为灌溉而修，后随人们生活的改善，逐渐成为休闲的“绿洲”。湖中不少松林荫翳的山头，形成一个个形态各异的翠岛，平添此处的深邃和清幽。石门湖宛如镶嵌在翡翠中的白玉，更像王母的明镜轻掩在丛林中。这里没有莲花峰顶的疾风烈日，但见水光潋滟、芳草含烟，呈现一派远离喧嚣的安详。偶尔传来的水禽鸣唱，才会打破这里的宁静，让人意识到这里是它们的“洞天”。在湖边徜徉，望着湖面轻泛的涟漪和青山的倒影，让人感受到舒心的闲适，得到心灵的慰藉，忘却世事的俗虑烦忧，不自觉地融会于美妙的大自然中，体会“智者乐水”之本源。

在碧波万顷的湖上荡舟，堪称惬意非凡的享受。那出没于水中的山头，像碧玉峰，似青螺黛，构成一幅幅韵味非凡的胜景，让人感觉到“船移景换”的妙趣。湖

笔架峰

中近处山峰，如“疯僧戴帽”“大象戏水”等都不乏可观，但我更喜欢的是从远处渗入景观的笔架峰，它的俊逸、清新让人神往。来到湖的另一端，可见水源亭，只听清流绵绵注入，水声潺潺。此情此景，不由使人联想起王维《终南别业》的名句：行到水穷处，坐看云起时。

⁕梅花山散记

地处东海之滨的八闽大地，群山巍峨而耸翠，碧水湍急而蜿蜒，东南是浩瀚的大海，碧波万顷，水天一色，风景绮丽，自古驰名。唐代诗人杜荀鹤《闽中秋思》曾感叹："北畔是山南畔海，只堪图画不堪行。"岁月悠悠，白云苍狗，往昔视为畏途的崇山峻岭，早已通衢广布，四通八达。人们已习惯于北"访风景于崇阿"，南行"从风鼓浪"，更可畅游闽中名胜梅花山。

梅花山外景

景象万千的植物群落

史称“梅花十八洞”的梅花山，坐落在福建西南的连城、上杭山区，地处中亚热带南缘，四野深山邃谷，古树森森、丛篁灌莽、藤萝樛葛，为传说中地处荒僻、令人闻之色变的猛虎、巨蟒盘踞之地。梅花山的神秘和出没其中的珍禽异兽，让它声名远播，引发人们无尽遐想。20 世纪上半叶，最早为其名声吸引而造访此地的为著名植物学家林镕[①]。他是到此探索植物资源、采集标本的第一人。先生梅花山诗申言：“寻胜到清幽，一路翠峰如簇。……戍楼茄鼓久尘封，艰我访‘梅’约。”考察后，他深有感触地写道：“梅花十八洞在连城万山中，相传为萑苻出没之所，实则鸡犬桑麻，俨然世外也。”在他眼中，梅花山绝非外界传言恐怖之区，而是如世外桃源。科学家林镕表达的感受无疑非常真切。

梅花山西北有高耸的武夷山阻隔冬日南侵的寒流，东南凭巍峨的戴云山拦截夏日北涌之东洋湿气，区域内四季清和，林木荟蔚，高处危峰耸峙，雄浑的石门山烟云掩映，海拔与黄山天都峰相当，低谷处溪流潆洄，山

① 林镕（1903—1981）：早年留学法国，1930 年获法国巴黎大学理学博士学位。1942—1944 年应邀到福建筹建福建研究院动植物研究所，研究福建的植物区系和资源植物，后任研究员兼所长，同时兼任厦门大学教授。率人在福建西部和西南部采集调查植物，得标本数千号。1955 年当选中国科学院学部委员（院士）。曾任中国科学院植物研究所副所长、代理所长、《中国植物志》主编。

塘明净。独特的地理环境，形成这里丰沛的降水，温润的气候，云蒸霞蔚，草木滋荣。来到这片恍若隔世的广袤林海中，远观“众溪连竹路，诸岭共松风”，近观则静深缭曲，渐入敻邃，身心愉悦。

步入丛山深处的太平寮村，随处可见年岁深远的风水林，密叶翠幄。漫步山中，苔侵石径，路入苍烟，周边是芳草如茵，巨木蓊然。山中苍劲的钩栲、细柄蕈树、深山含笑、南方红豆杉、猴欢喜、拐枣等形态各异的乔木争奇竞秀，蓊郁含雾，林高色暝。有些大树基部并生，俨如深情伉俪；有些相向而立，高低略异，形同兄弟。林下山黄皮、青梅等乔木风采各异，茂盛的蕨

空中幽兰

类葱翠舒展，光鲜妩媚。林中温润潮湿，寄生生物活跃，可见伟岸的乔木树干上，硕大的真菌寄居其上，悠然自得。不少古树都长有形态各异的树瘿。有一大如箩箩的树瘿“倒扣”在离地数米高的栲树干上，犹如一只海龟在缓缓地爬树，蔚为奇观。更奇妙的是，号称“天下第一香”的建兰，不仅逸生于烟霞泉石间，更优雅地游生在高大的钩栲枝杈上，形成此处独特的空中幽兰奇观。

独特的地质、地貌和气候特征使梅花山茂林修竹，缘溪弥皐，灌木蕨群，蔽谷覆涧。在赖源乡海拔 1300 多米的廖天山，有一片数百亩的草甸，长洲芊绵，旷野悠然。此处海拔较高，周边山峰常年雾霭迷蒙。这里原来盛产绿茶，味道芳香醇美。如今“返田还草”，栽茶渐少，湿地草甸莺飞草长，四野灿然。草场中清泉弯濑迤逦，夏枯草、地棯、桃金娘、萱花等野溆隐隐生香，赏心悦目。轻风吹过，花草摇曳，让人萌生“清汽发于林樾，好风伴生水涯”的真切感受。清流汇聚在低洼的山潭，轻泛的涟漪将周边高峻的双峰倒影收入，澄潭倒影，水光山色交融，呈现一种风姿绰约的柔美，让人顿生“山光悦鸟性，潭影空人心”的兴会。

木竹菁华

梅花山林海茫茫，古树参天。矗立于村头、社坛的“树王”，常被视为村落的庇佑者和村民的心灵依托。归乡游子远远看到它们，就像看到来迎的慈祥长者，心中不仅有熟悉的亲切，更有“青山依旧在”的踏实。这些生命力顽强的乔木，虽经年深日久的岁月历练，依旧郁郁葱葱，生机勃发，或古朴遒劲、婉若游龙，或苍劲挺拔、大气庄重，让山村呈现独有的清幽和安详。它们是见证人间沧桑的“仙翁长者”，承载着历史与文化；也是梅花山中独特的“地标”景观，科研和观赏价值极高。

缘于古老的自然崇拜，山乡“树王”不仅是数百上千岁的寿星，更是山乡百木中粗壮魁梧的王者。当地海拔最高的村落铁山罗地村，独拥多株硕大无俦的樟树、柳杉和长苞铁杉。樟树和铁杉都是当地常见优质用材树种，这里存留一株高耸伟岸的铁杉古树，胸径达 2 米，堪称名副其实的“铁杉王”。柳杉是梅花山广泛分布的风景树，树形亭亭玉立，优雅秀丽。得益于村民的喜爱，几乎每个村落都有属于自己的“柳杉王”。无论梅花山深处的池家山，抑或太平寮，都有不少黝繆屈曲、虬枝蔽日的大柳杉。其中，数铁山罗地的“柳杉王”最大，胸径近 2.5 米、高达 45 米，至今仍生意盎然。罗胜村还分布着大片树龄百年以上的原始柳杉林。

在众多树王当中，杉（*Cunninghamia lanceolata*）是最有地域特色的一种。它是中国南方用途最广泛的速生树种，广布于闽西北地区。它木材通直，宜于加工，材质好而轻，为名副其实的构厦良材。古代有学者早就注意到“闽人作室必用杉木”，事实的确如此。它常用于

福建杉木王

建筑、舟桥以及家具制造等。广袤的梅花山，堪称杉木的故乡，其数量之多令人难以忘怀。杉木在历史上长期是山区重要“财源”，深受人们的关爱，不少地方都有成片的大树分布。其中，罗胜村尤以产大杉材著称，至今仍分布着超过万亩的大树杉木林。“福建杉木王”就矗立在罗胜村边的山坡上，树龄超过千年，胸径粗约2米，4个成人方能合围。其树干巍巍苍苍，势凌霄汉，历经千年风雨洗礼，却依然扶疏挺拔。在旁边竹林和柳杉的衬托下，凸显“翠姿且有干云势”的“卓尔不群”，诚如古人所云“惯于岩畔谙风雪，不与人间作栋梁”。

与“劲叶森利剑，孤茎挺端标”的杉木不同，树姿柔美的南方红豆杉，是另一种让人难以忘怀的树木。作为风景树，每到秋天，其随果实的成熟，绿荫蒙蒙、朱实离离。那朱红圆润、晶莹剔透的果实，十分惹人喜爱，据说用它泡酒还有神奇药效。这时的红豆杉绿树红英，别有风韵，真可谓“熟后雨弹红玉破，生前烟捧绿珠来”。梅花山有多处成片的红豆杉林，其中莒溪的陈地村不仅拥有福建面积最大的天然红豆杉林，而且拥有树龄数百年、胸径近2米的“红豆杉王”。其树形如幢竖、如走龙蛇。泰然遒劲的古树，无异于这里独有的“图腾”，不仅给人们带来雄浑壮美的视觉享受，还是自然历史演化的见证者，能为研究生态系统和气候变迁提供重要依据。

红豆杉

梅花山不仅古树参天，更是竹子的海洋。长久以来，竹子在中国用途广泛，甚至有西方学者认为竹子是中华文明的象征。竹子自古为国人喜爱，晋代名士王子猷称“不可一日无此君”，长期以来，他的见解被文人墨客广泛认同。宋代文豪苏东坡更是声言“宁可食无肉，不可居无竹”。竹虽柔，却为坚贞不屈和高风亮节的象征。清代画家郑板桥称道，竹子“千磨万击还坚劲，任尔东西南北风”。篆刻鉴藏家周亮工指出，“东南之竹最盛，而闽中种类尤多，奇形异状，产于阴崖深壑中者，不可胜纪”。[①] 浩瀚的毛竹林，成就这里翠筠盈野、凤尾蓊蔚的旖旎风光。丛林深处的池家山，历来是闽中“竹王”的故乡。前些年，福建数届直径最粗的“竹王”评比，最终都由梅花山夺魁。

绿色宝库

梅花山是上苍挥洒于中国东南的一幅风景长卷，有如一方晶莹的翡翠镶嵌在台湾海峡西岸。古人云：“地广则土饶异产，年远则代出新奇。”这里是绿色的海洋，是众多动物繁衍生息的故乡，蕴藏着极为丰富的植物资源，这也是它被设立为国家级自然保护区的原因。

①《闽小记·方竹杖》。

梅花山植被类型丰富多样，山中植物垂直分布明显，海拔900米以下地区分布的是常绿阔叶林，以米槠、细柄蕈树、甜槠、南岭栲、红勾栲为建群种。其上分布着常绿针阔混交林或常绿针阔、毛竹混交林、针叶林和灌丛。山间秀丽的毛竹林异常醒目，竹林常与各种阔叶林混交，丛林中时而层林烟树，枝柯擎秀，奇致难以究诘，各种以“杉”为名的树木，如柳杉、三尖杉、红豆杉，枝叶秀雅，与竹林交相辉映。

山中生物多样性丰富，动植物种类繁多。20世纪末，梅花山还有华南虎出没的报道。这里是华南虎理想的栖息地，寄寓着人们对华南虎的最后希望，这也是在此建虎园的动因。山中还有金钱豹、云豹、梅花鹿、水麂、金雕、黄腹角雉、白颈长尾雉和金斑喙凤蝶等珍稀一级保护动物。常见的兽类还有金猫、豺、黑熊、鬣羚和黄麂，水鹿的踪迹也时有所闻。鸟类还有红隼、白鹇、雉鸡、苍鹭、岩鸽和鹧鸪等。两栖爬行类有穿山甲、蟒蛇、眼镜王蛇、银环蛇和形态奇特的大鲵和鼋等。山中有维管植物1600多种，不仅有红豆杉等国家一级保护植物，更有石上莲、梅花山青冈、黑椎等特有种。常见的还有香樟、闽楠、钟萼木、深山含笑、甜槠、伞花木、南酸枣、漆树和锥栗等。更有众多可作药物的奇花异草，如石斛（*Dendrobium*

石斛

虎掌藤

nobile）、虎掌藤（*Ipomoea pes-tigridis*）、大罗伞、草珊瑚（*Sarcandra glabra*）和天南星等。山中至今还有不少野生果树的分布，如杨梅、白杨梅、油柿、梅和豆梨等。

梅花山丰沛的降水，孕育着良好的植被。湿润的群山，秀丽多姿，孕育着八闽大地各大江河丰沛的水源。在连城曲溪海拔 1000 多米的黄胜村，有一号称“水流三江地”的泉源，三股水流分别注入闽江、九龙江和汀江。而号称闽西第一高峰的石门山则是韩江的发源地。

这里几乎每个山谷都有泉水流出。它们时而溪澄横练，涟漪轻泛而成碧水流觞；时而清流激湍，在幽涧中迂回曲抱，灌丛潺鸣，迸落石濑；时而有珠帘轻谢，惊湍喷激。邻近池家山的“仙女瀑”，绿藓青苔，苍岩翠壁。一泓清流从绿茵丛中喷薄而出，飞流直泻，水石相激而成双叠，落差数十米，激得弹珠飞玉，轻烟霏拂，形似一窈窕的白衣仙子的幽雅坐姿，声韵金石，又如竹楼听霰。水雾溟蒙，沁人心脾，让人生倏然出尘之想。有时则深潭潜流，在地下溶洞轻轻穿越。位于连城深邃而悠长的赖源溶洞，清流轻涌，越县境而穿龙岩的万安，游人可于洞中避酷暑、探幽壑，穿幽通深，在“游戏平林”之后，“濯清水，追凉风”，仰观杉竹，俯鉴清流，感受“放情宇宙之外”“睥睨天地之间”的欢心愉悦。

草珊瑚

野生杨梅

徜徉于梅花山丛林菁筱中，观赏着满目琳琅的多样生物，无论扑面而来的林涛，抑或不时传来的鸟儿清唱，都让人感觉人与自然和谐相处的美妙。山涧蜿蜒的清流，周边的流泉飞瀑，更增添这方净土宜人清幽。这里是人们赖以持续发展的绿色宝库，也是下游大地绵绵不绝的清流源泉，更是生物学家眼中的“世外桃源”。

※ 武夷山行记

憧憬旅行

成长于闽西丛山中，喜欢流连山水是故乡留在我身上印记。虽春风暗度，岁月常新，但风涌林涛、鸟儿啁啾始终是我挚爱的“音乐”。闲读书籍，得知武夷山南麓有保存完好的美妙原始森林，是众多野生动物依存的“圣地”。从此，这座绵延于闽西北的东南名山有如梦中的一道风景线，牵动我的缕缕情思。那古老的九曲茶园、幽深的山林和隐身其中的珍禽走兽常引发我诸多遐想。不亲临探访，总难释怀。

去年[①]年底，终于有机会前往武夷山，窃喜称心如愿。只是临起程时得知此行只能到武夷山风景区（亦即通常所谓的“小武夷”，在保护区的外围），不免又稍感怅然。

① 指2004年。

小武夷山景色

怀着一种踌躇的心情来到崇安。迈步走下飞机，扑面而来的和煦清风夹杂着早年熟悉的青草味，唤醒一种遥远的亲切感，不觉间消释了来时的怏然。映入眼帘的是一幅“青山盈盈水迢迢，秋尽江南草未凋”的岁杪图景。晚上漫步九曲溪旁，轻涌的波流、洋溢在空气中的桂花芬芳，让人备感怡然。联想两个月前分别在余杭孤山和肇庆鼎湖享受“山寺月中寻桂子”的悠游，很自然产生“桂花三度”之感。

保护区“门前”的景色如此有趣，更增添我“登堂入室”去寻幽探胜的好奇心。当天夜里，正巧有几位同事也有此意，并建议自行前往。我们一拍即合，当即约定第二天共同前往。

前往三港

次日清晨，我们在旅社旁租了一辆看似行将散架的“面的”老爷车，开始充满憧憬的旅行。到保护区的道路是新铺的柏油路，开车的师傅是本地人，对这一带山区非常熟悉，驾驶起破车来也轻车熟路。眼下虽时值冬令，窗外闪过的却是一派深秋景致。路旁的乌桕和枫香叶子已经凋零，收获过的田野益显空旷，近处山坡石壁上的一些草木微微泛黄，多少有“红消翠减”之感。不过，随山路的延伸，丛林变得郁密，处处呈现峰峦叠翠、草木含烟的“八节常青”丛林秀色。无疑，这些苍翠的峰峦积蓄着浩瀚闽江不尽的泉源。纵然像 2004 年八闽大旱，半年多滴雨未降，涓涓溪流依旧绕山前行，由它们贯串的一壑清泉散发着别致的“潦水尽而寒潭清”的悠长韵味。人们很容易感受到温和的气候、丰沛的降水，以及西北挡却寒流南侵的高大山体对这一地区的“关爱”。正是这种得天独厚的自然条件，孕育出她“奇秀甲东南”的丰姿。

“面的”经过约两小时的行驶，途经星村、长干洲等历史上著名的红茶产区，来到“皮坑”检查站。随后，我们开始迈入心仪已久的自然保护区。这里山高谷深，丛林蔽日，溪涧纵横，少有民居，不难想见，在公路畅通前之“地老天荒”的模样。如此偏远山区，近代西方那些博物学家居然能前赴后继前来寻访和收集标本，确有某种“献身”精神。

保护区内，尘嚣渐远，处处展现着迷人的森林风光。前往保护区管理处所在的三港（桐木村）途中，我们选取一个景色颇佳的地段驻足观赏。这里有一高大的铁桥横亘在两座高山之间，从桥上向周围瞭望，深邃的峡谷

武夷山水

两边林海涌翠，谷底清泉蜿蜒游向远方。此地大约是一处观赏朝暾夕月、感受落崖惊风的好去处。从桥上下来，我们钻进了河谷。谷中见有多处建议人们用脚“亲吻”河面之处的标牌。虽说太阳藏而不露，但舒缓的溪流依然波光粼粼。在山脚弯环处，较深的水域还呈现迷人的蓝色。清澈见底的水中，一群群小鱼悠闲地在石缝间觅食，颇具情趣。清风徐来，沁人心脾，不禁让人领悟到古人所谓“浴乎沂，风乎舞雩，咏而归”的美妙。我们穿行于山间多处号称含丰富“负离子”的吸氧区，在那些风景优美、空气清纯的地方尽情徜徉，最终来到山脊一个颇富诗意的小木亭，在亭中流连了片刻，然后从山坡返回公路，司机已在那里等着我们。

不经意间，我们来到三港。三港过去有一座教堂，是早先西方人来武夷山采集标本时的基地，随其使命的完成，已经灰飞烟灭。如今取而代之的“标志性”建筑应是作为科普基地的自然博物馆。博物馆门前，两只短尾猴正在闲逛。一位中年女贩过来告诉我们，猴子是她从山上叫下来的，招呼大家购买她的食品饲喂。明知小贩“下套”，同伴似乎并不在意，买了数袋价格不菲的花生。虽被小敲了一笔，但在与猴嬉戏中得到了某种忘情的满足。

博物馆前的短尾猴

博物馆内一片昏暗。长期的干旱影响馆内供电，白天不能开灯。植物标本馆很黑，无法观赏；动物标本馆采光较好，尚可一览。这里有制作不错的鸟兽标本和两栖爬行类标本，惜乎昆虫标本的制作和保存都欠佳。同样让人遗憾的是，特产中国的金斑喙凤蝶，在这个昆虫王国没有标本陈列，只有一张灰色的图片。倘若展示的标本能更好地“重现”多姿多彩的昆虫世界，无疑将对青少年关注这个色彩斑斓的领域产生更大的吸引力。

虽说馆内的植物标本没法看，但三港群山做了更精彩的展示。这里万木葱茏，植物种类异常丰富。常见的树木有檵木、杜鹃、香樟、润楠、罗浮栲、猴欢喜、水团花（有点像杨梅）、半枫荷（千面女郎）、杨桐、油柿、黄杞、红豆杉、福建柏和柳杉，还有珍稀树种马褂木（鹅掌楸）、天女花、黄山木兰等。

不期而遇的大竹岚

从三港到以产昆虫模式标本著称的“大竹岚”距离约 12 公里，开车很容易到达。我们原拟先去以产鸟兽和两栖爬行类模式标本著称的挂墩，却因司机上错道，一路驰骋来到了大竹岚。虽说不无意外，但我们也乐于接受这种“不期而遇”。在这竹的海洋中，青绿稍带鹅黄的林冠，处处流溢着“竹子丛生兮山之幽”的神韵。林中不时传来鸟儿清脆的鸣叫，似乎印证着古人“山光悦鸟性”的名言。置身在这清凉世界，顿感气静神宁。古人把竹子当作重要的审美对象，的确很有见地。有什么植物能比这亭亭玉立、超凡脱俗、万柯竞秀、枝叶优雅多姿的竹子更美丽呢？生活在这里的众多野生动物充分显示了自己的灵性，在这里营造繁衍生息的乐园。

时间已近正午，我们还要抽时间赶往挂墩，在短暂的逗留后，不得不告别这一令人难忘的地方。当驱车匆匆返回到一个三岔路口的时候，我们料定一条上行的路应当通往挂墩，不料很快来到道路的尽头，原来闯进的是先锋岭防火瞭望台。我赶紧向观察员打听前往挂墩的路线，得到的答案是应该在一个名为“七里”的地方拐弯。迷路不免让人有点泄气，但登高临远也是一种补偿。无奈爬上台顶后，四周雾气腾腾，什么都看不清。

从瞭望台下来，大家饥肠辘辘，附近又没有餐馆，只得返回三港。这个季节来保护区的人极少，餐厅一个个门可罗雀，我们随意找了一家匆匆要了两个炒菜，吃

三港所见之环颈雉

了一点面条。水足饭饱后，我们信步来到附近一个鸟园。园中养着一些本地常见的漂亮飞禽，如白鹇、金鸡、黄腹角雉、鸳鸯和环颈雉，还有外来的白孔雀和绿孔雀。如此近距离接触它们，同伴异常兴奋。为了不过度惊动鸟儿，我们用相机留下它们的倩影之后，便匆匆上路。

寻访挂墩

从三港到七里路程约为 4 公里，到了那里之后才发现，上午我们路过时，忽略了岔路口一个不太明显的牌子，上面写着此地通往什么“动物模式标本圣地”之类的文字。我们到七里是下午两点左右，从此地到挂墩据说只有不到 4 公里，不过路不好走。司机将车停在路边等待，约我们三点半回来。大家迈着大步，开始“朝圣”旅行。

去挂墩的沿途景色清幽，山涧清泉汩汩而淌，新开的道路实际上非常好走。在前行中，一个同事忽然发现旁边山麓的坟地居然立着个大十字架。这引起了我们的兴趣，难道这里是外国传教士的墓地？我们随即走了过去，发现那确实是天主教徒的墓地，但并非洋教士。这也算是洋教士“雁过留声”的文化遗产吧。墓地周围种了一些茶树，茶树显露一派停止生长的浅青色，叶片底下还可看见虎甲在觅食。不知是不是为了防止土壤侵蚀，茶畦间的小径，隔一小段横放着一节竹子。

在前往挂墩的大道前行了一段之后，抱着走捷径的念头，我们横穿竹林走进一条小路，穿行在清幽的竹林中，步履更觉轻快。可惜由于“渐霜风凄紧”，动物都已深藏，除发现附近有不少野兔的粪便外，我们没有发现别的动物踪迹。约莫过了数十分钟，我们又走回大道。同伴觉得应该快到目的地了，却看不见附近有人家。我们约定，往前再拐两道弯，如果还看不见挂墩，就往回走，因为很快就要到三点半了。周围的景致非常美妙，近处层叠的植被让人感受无限生机，远处缕缕白雾出岫升云，摄人心魄。无奈脚下却感到“前途迷茫”，因为我们已经拐了两道弯，依旧未能发现那个期望中的神秘小山村。不想轻易放弃，我们又向前走了几个拐弯，仍然没有挂墩的出现。正当我们准备“打道回府”的时候，突然发现附近有人在收拾倾倒的树木，于是赶紧前去打听到挂墩究竟还有多远。得到的回答令人喜出望外，原来再过两道弯，走几分钟就到。真是迷途踌躇费思量，忽得樵人点“迷津”，我们真切体会到在一种艰难的选择中，“努力坚持最后几分钟”所得成果的美妙。

很快，我们来到期待已久的挂墩。它不像我想象中那样处在密林深堑中。原先的羊肠小道已渐变坦途，远非当年在此采标本的西方人所能想象，水泥砖构建的民居同样透露这里“旧貌换新颜”的消息。尽管四周山林依旧可观，甚至房前屋后仍然环绕着旧时的茶园，但谁又能告诉行人这里“别来无恙”，原先栖息在这里的众多动物仍在快乐地繁衍？

没有时间做深层的探访，我们在得到某种表面满足的同时，又产生了新的遗憾。大家迅速在这个寻觅了半天的“圣地”留下几张永恒的照片。映入镜头中的有：路旁，一株山茶花在轻轻绽放，而前面山坡的一棵枯树旁边，有更多的大树在茁壮成长。

挂墩附近的植被

⁕ 中国的自然保护区

随着社会经济的发展，人们的环境保护意识不断提高，自然保护区和国家公园的建设日益受到社会各界的重视。它们是各种重要自然生态系统、珍稀濒危野生物种和生物多样性的重要保护地，许多还是景色秀丽、远离尘嚣、让人心驰神往的著名风景区，为人们亲近自然、寻找野趣的理想休闲之地。就其历史而言，它们大多都非常年轻，在中国尤其如此。虽然 20 世纪初就有人提出，将清代皇家猎苑——承德的木兰围场设为像美国黄石国家公园那样的自然保护区，但在当时的社会条件下，这种设想只不过是一种良好的愿望而已。

20 世纪中叶，在秉志、钱崇澍等数位著名生物学家的积极倡议下，中国开始设立自然保护区，不过一直发展缓慢。改革开放以后，我国民生有了显著的改善，人民的认识水平迅速提升，环境问题和可持续发展日益受到关注，自然保护区建设事业开始迅速发展。迄 2019 年，中国（不含港澳台地区）共建立各种类型的自然保护区 2750 个，其中国家级 474 个；自然保护区的总面积达到 147 万平方公里，约占中国陆域国土面积的15%。它们的设立，使中国90%的陆地生态系统类型、85%的野生动物种群和65%高等植物群落类型得到保护，同时使国家重点保护的300余种珍稀濒危野生动物及130多种珍贵树木的主要栖息地、分布地得到了较好的保护。众多的保护区犹如一颗颗明珠镶嵌在祖国的锦绣大地之中，它们各具风采，绮丽多姿。这里简要介绍几个具有代表性的国家级自然保护区。

南亚热带的一颗明珠

在中国众多的自然保护区中，广东鼎湖山自然保护区是最“年长”的一个。它始建于1956年，位于广东肇庆市，是唯一隶属于中国科学院的自然保护区，由华南植物园领导，保护对象是南亚热带地带性常绿季雨林，面积1133公顷。相对于后建的大多数保护区而言，这是范围较小的一个。鼎湖山位于肇庆市的东北郊，这里气候温暖湿润，分布着颇具地域特色的南亚热带森林中保存得比较完整的亚热带季风常绿阔叶林，有“绿色明珠”之称。保护区面积虽然不大，却分布着1700余种的高等植物，其中包括高大挺拔、木材坚硬的国家二级保护植物格木，还有银杏、树蕨（桫椤）等其他美丽

鼎湖山

的珍稀树种，以及野生荔枝等重要栽培果树的种质资源。鼎湖山的动物种类也不少。据不完全统计，这里有30多种陆生哺乳动物，包括金钱豹、鬣羚等国家重点保护动物；鸟类也有100多种，其中有白雉鸡、白鹇等著名的观赏鸟类；此外还有爬行动物30多种。这里是华南地区生物多样性最丰富的地区之一。不仅如此，鼎湖山早就是粤中名胜，这里处处峰峦叠翠，更有飞瀑流泉、参天大树和绚丽的山花，还有庆云寺等著名的人文景观，常年吸引游人前往，堪称一处瑰丽迷人的风景区。

著名的生物多样性分布中心

身为福建人，老有件事琢磨不透，就是福建为何简称“闽”。后来终于悟出点原因，很可能是东海之滨这块山高林密的地方，古时候各种虫比较多，或许有如现在武夷山的情形。

武夷山逶迤绵亘在福建西北的边境上，犹如福建的一道围墙。其主峰黄岗山海拔 2158 米，是中国东南最高峰。这里众多的山峰和峡谷构成非常复杂的地形。高耸的山峰形成一个天然的气候屏障，冬季阻挡了来自北方

武夷山

的冷空气，夏季则截留了大量暖湿的海洋气团。自然条件的优越，使这里孕育着郁郁葱葱的阔叶林。1979 年，以崇安的挂墩和邵武的大竹峦等海拔 1800 余米的地方为中心的方圆 500 多平方公里的山区，被设立为国家级重点自然保护区。它的东部虽有海拔较低、号称“奇秀甲东南”的小武夷山（即武夷山风景区），但大部分地区比较偏僻，是中国东南地区天然植被保存最完好的地区，森林覆盖率很高。这里有中国中亚热带最具典型性、面积最大、保存最完好的森林生态系统。不同的高度有不同的小气候类型和生态条件，不仅植物垂直分带明显，而且各种类型的动物种类也特别多，既有很多属于东洋界的动物种类，也有不少属于古北界的动物类型。

研究动物区系的学者都知道，武夷山是著名的动物模式标本圣地。掀开武夷山这个世界罕见物种基因库面纱的是一个西方学者、法国传教士、博物学家谭卫道。他于 19 世纪 70 年代在那里采集到包括猪尾巴老鼠等大量的新奇物种后，很快使武夷山扬名于世，成为动物学家向往的地方。20 世纪 30 年代，德国人克拉帕理奇（J. Krapperich）寻访到挂墩和大竹岚，在那一带采集到 16 万号的昆虫标本，这位德国昆虫学家据此发表了大量的新种。据调查，在中国共有 32 个目的昆虫，在这里发现其中 31 个目、分属 300 多个科，已经记录的昆虫就有七八千种。中国特有的野生动物金斑喙凤蝶、宽尾凤蝶皆可见于此。毋庸置疑，武夷山是名副其实的昆虫王国，这里不但昆虫多，“爬虫”也多。这里出产的爬行类动物达 70 多种，其中两栖类 30 多种，著名的有丽棘蜥、角怪（崇安髭蟾）。说到这里，有个叫蒲伯（C. H. Pope）的美国爬行动物学家值得一提。他在 20 世纪 20 年代曾在武夷山的挂墩和三港等地收集过大量的动物标本，尤其是爬行类和两栖类动物标本。后来，他在《中国爬行动物》（*The Reptiles of China*）一书中认为，武夷山的挂墩和三港一带是了解中国两栖爬行类动物的钥匙。

可能由于“虫”多的缘故，武夷山鸟的种类也很多。据统计，这里的鸟类有 430 种，约占全国所有种类的 1/3。仅挂墩一地就记载过 160 种，其中有 40 种是当地发现的新种，如挂墩鸦雀、白额山鹧鸪等。19 世纪末，英国人拉陶齐（J. de La Touche）从福州雇人在武夷山区收集到许多鸟类标本，包括褐头凤鹛、橙背鸦雀、北蝗莺、白班尾柳莺等新种，为他后来撰写的《华东的鸟类》（*A Handbook of the Birds of Easten China*）一书提供了丰富的素材。武夷山不仅鸟多，兽也多，山中分布兽类 100 多种，约占全国总数的 1/4。毋庸置疑，保护这样一个良好的森林生态系统和罕见的物种基因库，对于人类社会的发展意义深远。2021 年，这里成为中国第一批设立的 5 个国家公园之一。

壮阔的三江源

中国面积最大的自然保护区是 2000 年 8 月设立、地处青海玉树地区的“三江源”保护区，面积达 30 多万平方公里，占青海省总面积的 44% 左右，与德国的国土面积相当。三江源，顾名思义就是三条江河的源头。这三条江河可谓举世闻名，分别是长江、黄河和澜沧江（在境外称湄公河）。三江源原先也叫“江河源”。这

三江源沼泽区（陈桂琛 / 摄）

里地处青藏高原——著名的世界屋脊，周围有巍峨的昆仑山、唐古拉山和巴颜喀拉山等著名的山脉，平均海拔4000多米。这里雨雪相对丰沛，众多的冰川、湖泊和沼泽提供了长江15%、澜沧江25%和黄河49%的水量。滔滔江水急剧东流，气势恢宏，宛似自天而下。故长江源头沱沱河和当曲在这里汇合后有“通天河”之称；黄河源流在此曾经过湖泊众多的“星宿海”，诗仙李白“黄河之水天上来”之“断言”也得到“印证”。在这里设立保护中华民族水源的保护区，意义显而易见。

源于自然地理上的差异，三江源的景观和东南武夷山清新秀丽迥然不同。这里气候严酷，亘古荒凉，不论是昆虫还是爬虫都极稀少，呈现的是高山莽原中大川横泻的壮阔恢宏，充斥一派远古气息的蛮荒之美。这里是青藏高原的腹地，“高处不胜寒”是其真实写照，但绝非了无生机、四野寂寥。一些生命力极强的野生动物喜欢在此徜徉，谱写壮丽的生命赞歌。兽类中有青藏高原特有、号称“高原之舟”的野牦牛，有“一角兽”之称的藏羚羊（有人认为是麒麟的原形），憨态可掬的棕熊，还有善于驰骋的荒原狼、藏野驴、马鹿、马麝、鹅喉羚，以及高山居民雪豹、北山羊、盘羊、白唇鹿等。鸟类除很有地域特色的黑颈鹤、雪雀、胡兀鹫外，还有藏雀（*Kozlowia roborowskii*）、棕草鹛（*Babax koslowi*）和藏鹀（*Emberiza koslowi*）等非常罕见的种类，有国家一级保护野生动物 14 种，二级保护野生动物 37 种。[①] 这里还是名贵中药冬虫夏草、雪莲的故乡。

三江源人迹罕至，当地的牧民笃信佛教，好生恶杀，生活在这里的野生动物从容而无忧。19 世纪 70 年代，著名的俄国探险家普热瓦尔斯基在长江源头旅行的时候，发现当地有大量的野驴、白唇鹿等大型兽类，它们都不知道怕人；河流湖泊中众多的鱼类也一样不惧怕人类（藏族牧民不食用鱼类）。后来，随着外来人口不断增多，加上动物的毛皮等有很高的经济价值，三江源的动物不断被猎杀。最令人震惊的是在 20 世纪 90 年代末的数年里，一度有不少不法之徒对这里的藏羚羊进行猖狂盗猎。后来，随着保护区的建立和管理制度的完善，这里血腥已经消退，逐渐恢复往日的安宁。如今，这片水源宝地也属首批 5 个国家公园中的一员。

物华天宝长白山

长白山位于中国东北，可能因为其主峰常年积雪而得名，作为保护区的部分在吉林省的安图县、抚松县境内，面积 1900 多平方公里。它始建于 1960 年，是中国

①《三江源自然保护区生态环境》编辑委员会 . 三江源自然保护区生态环境［M］. 西宁：青海人民出版社，2002：114.

长白山

最早设立的自然保护区之一。长白山主峰海拔 2700 多米，原是一个火山口，近 300 年来数次喷发，熔岩覆盖在火山口周围，造就了一座座雄奇的山峰以及周围的怪石和温泉。火山沉寂后，火山口积水成湖，形成湛蓝深邃的天池。长白山也是三江之源，这三江分别是松花江、图们江和鸭绿江。

长白山是一处保存比较完好的温带森林生态系统，有皑皑雪山，更有茫茫林海，是欧亚大陆北半部山地生态系统的典范，是诸多植物的荟萃之所，是珍禽异兽赖以生存的故乡。这里已知植物种类 1500 多种，其中包括树干高大、亭亭玉立的美人松（长白赤松），还有深

受国人推崇的野生人参、东北红豆杉、水曲柳、北五味子，以及野生大豆；动物则有美丽的东北虎、金钱豹、猞猁、紫貂、棕熊、黑熊、马鹿、麝等50多种兽类。原先一度认为在东北已经消失的野生梅花鹿，据近年的考察，不但仍然在保护区内生存，而且得到良好的发展。此外，还有中华秋沙鸭、黑鹳、金雕和鸳鸯等270种鸟类，以及不少爬行动物和鱼类。

长白山确实是非常神圣动人的名字，对于当地的少数民族而言，这是祖宗的发祥地，唤起的是某种悠长、深远而又纯洁的宗教情感；对于酷爱大自然和热衷旅游的人们而言，无疑会对那里一望无际的森林、浪漫的山花、静谧的天池、炽热的温泉、飞流的瀑布，还有奇峰巨石产生不尽的遐想；对钟情资源的商人而言，联想到更多的也许是那里的三件宝——人参、貂皮、鹿茸角；而对生态学家而言，这里是观察、研究生物多样性、生物和环境依存关系的圣地。

大象和绿孔雀的家园

中国热带雨林的面积占森林比例很小，只在海南和云南有分布。位于中国西南的云南是中国动植物种类最为丰富的地方，中国几乎一半的高等动植物种类可以在此找到。地处滇西澜沧江河谷盆地的西双版纳热带雨林自然保护区，更是以其得天独厚的气候条件繁衍着众多的生物种类。这个保护区于1958年设立，地处景洪、勐海和勐腊三县，面积2400多平方公里。这里地处热带北缘，具有干湿交替的季风气候，孕育着繁茂的热带雨林，堪称动植物的王国。西双版纳生活着5000余种高等植物，它们中不但有东南亚热带雨林的代表植物望天树、多毛坡垒、版纳青梅等，还有古老的树蕨、苏铁，以及肉豆蔻和野黄瓜等珍稀植物。奇妙的森林景观让人流连忘返，中国最高的树木之一——望天树（高达70米）及其变种擎天树直冲霄汉，四数木的板状根直立如屏，木菠萝（菠萝蜜）、木奶果、番荔枝在老茎上密生果实，都让人眼界大开。此外，这里还有众多美丽的附生兰科植物和蕨类植物，更有粗大无情的绞杀植物。各种新奇的生物现象让人目不暇接。

得天独厚的西双版纳堪称动物资源的宝库，这里有中国仅分布在云南而颇受当地傣族民众喜爱的吉祥动物大象和绿孔雀等特色动物，还有野牛（白袜子）、印支虎、白颊长臂猿、懒猴、鼷鹿、犀鸟、原鸡、绯胸鹦鹉、陆龟、巨蜥、飞龙（裸耳飞蜥）、鱼螈，等等，计有兽类100余种，鸟类400余种。其中，包括云南特有的鸟类 70 种，两栖类 30 余种，爬行类约 60 种，鱼类近 100 种。有相当部分是中国稀有的珍贵种类，被列为国家重点保护野生动物的有 100 余种。

明代画家所绘绿孔雀

绚丽多彩的黄龙九寨

中国的自然保护区大多风景优美，令人神往，但又有谁能想到美如仙境、让众生陶醉的山水被造物深藏在岷山峻岭中。20 世纪前期，一些蹀躞于那一地区的西方人似乎就领略到这一点。长期在中国西部漫游的美国人洛克（J. Rock）认为陇南迭部的风景之优，堪为伊甸园。而长期在川西北旅行的英国人威尔逊（E. H. Wilson），则对拥有黄龙和雪宝顶（岷山主峰）的松潘地区情有独钟。他曾经记述过黄龙“五光十色魅力非凡的水景”，认为那里的瀑布和覆被涟漪、绵延数里的地表钙华，“展示着最旖旎的风光”（《中国——园林之母》）。他可能是最早记述黄龙奇观的学者。因对那一地区美妙风光的深刻印象，加上对那里淳朴的民风、丰富的物产的留恋，他甚至说：“如果我应当生活在华西是命运的安排，我最希望生活在松潘。”

古人云：“西南山水，惟川蜀最奇。”黄龙和九寨沟的展现，都足以表明这一点。黄龙风景区在松潘县境内，最高海拔在 3000 米以上，是海拔最高的风景名胜之一，面积约 700 平方公里。它的最大特色是地表钙华，主要景观集中在威尔逊描述的黄龙沟。那里五光十色的水景与周围的瀑布、雪山、原始森林掩映生辉，构成当地雄奇、峻美、清冽的旷古风光，人们美称其为“人间瑶池”“世界奇观”。由于海拔高，这里植物垂直分布明显、种类繁多，同时也为众多动物提供了庇护地和觅食的场所。它们中有憨态可掬的大熊猫和形态奇特的仰鼻猴

黄龙风景区（周询/摄）

（金丝猴）等。自 1983 年被设立为自然保护区后，1992 年被列为世界自然遗产。

九寨沟地处岷山山脉的南麓，以众多的湖泊、瀑布及多姿的森林构成秀丽的景色，1978 年被设立为自然保护区。它是中国第一个为保护美丽的自然风景而建的保护区。九寨沟占地约 600 平方公里，是一条纵深 60 多公里、高耸而秀美的山谷。这里的高山峡谷多有绿树珍禽，最为独特迷人的风光是犹如天仙洒落大地的一个个璀璨明珠似的湖泊。这 100 多个清澈碧绿、形态各异、优雅动人的湖泊，与银装素裹的雪山、明净如洗的蓝天和色彩斑斓的植被构成一幅幅瑰丽神奇的美景，使人仿佛置身于仙境。在这如诗如画的天然园林中，繁育着众多早已扬名于世界的珍禽异兽。它们中有姿态优美的白天鹅、形态奇特的蓝马鸡、被当地人称为“花熊”的大熊猫，还有别号“九节狼”的小熊猫；有出没于高山峻岭的扭角羚，更有跳跃嬉戏于丛林之上的金丝猴。无怪乎九寨沟为外界所知不久，便引来无数游人，被爱好大自然的人们称作“人间天堂”。

中国的自然保护区绚丽多彩，气象万千，本文所列主要为物种多样性丰富的代表性保护地。近年来，中国在自然保护区建设方面成就斐然，非常令人欣慰和自豪。但也应该注意到，我们对于自然保护区的管理和利用水平还有待提高，在生态系统的研究和认识方面仍存在不足，未能很好地协调好自然保护区和区域经济社会发展之间的关系，使之发挥应有的功能。当然，随着对资源和环境的重视、保护生物学研究的深化，不难预料，中国的自然保护区事业将朝健康而光明的方向蓬勃发展。

幽赏竟谁同

※ 春日梨花

梨是一种世界性的大众水果，在中国各地广泛栽培。乡间村落、河畔田野，随处可见它的身影。春风骀荡，莹洁如玉，满目琳琅的梨花不但让人有他乡遇故知之感，还让人生幽雅飘逸之思。古往今来，梨花一直深受国人珍爱，在丰富人们的精神生活方面，意义非凡。

春日梨花

古人眼中的梨花之美

花朵秀丽芬芳、果实爽脆多汁的梨，自古为文人学者关注。汉代文学家司马相如曾写下《梨赋》，可惜原文在历史长河中几乎消失殆尽，只剩寥寥数字，无法知晓其真容。不过自那以后，不少文学家、诗人都用自己优美的文字笔调来摹写梨花之美。南北朝时期，宋孝武帝《梨花赞》称："惟气在春，具物含滋。"南朝诗人王融咏梨花诗生动地赞颂"芳春照流雪，深夕映繁星"，堪称是梨花盛开时繁花似雪、色彩缤纷的生动写照。对于梨花凋零时随风起舞、宛如蝶飞的丰姿，刘孝绰形象地吟咏道："杂雨疑霰落，因风似蝶飞。"唐代诗人皇甫冉《和王给事维禁省梨花咏》更是称颂梨花似解人意，能"巧解逢人笑，还能乱蝶飞。春时风入户，几片落朝衣"①。文学家司空图甚至称之为"瀛洲玉雨"②。他们的描绘都非常形象而有画面感。宋代诗人赵福元更称梨花是"玉作精神雪作肤，雨中娇韵越清癯"。金代高士谈《梨花》写道，"烂漫雪有香，珑松玉仍刻。芳心点深紫，嫩叶裁轻碧"，更进一步刻画出梨花清新高雅的格调和传神的美。

① 彭定求，沈三曾，杨中讷，等．全唐诗：卷 250［M］．北京：中华书局，1999：2811.

② 陶谷．清异录：卷上［M］// 宋元笔记小说大观．上海：上海古籍出版社，2007：42.

明代高濂对梨花曼妙之美，更堪称心领神会。他认为:“梨之妙者，花不作气，醉月欹风，含烟带雨，潇洒丰神，莫可与并。”[①] 明末清初戏剧家李渔尤其喜爱梨花，他自称:“性爱此花，甚于爱食其果。果之种类不一，中食者少，而花之耐看，则无一不然。雪为天上之雪，此是人间之雪；雪之所少者香，此能兼擅其美。”[②] 作为艺术家，清代著名画家邹一桂对梨花的审美可谓在领悟前人的独到之处后，还能在自己的绘画艺术上有所发挥。他写道，梨花“三月尽，花开，五出，色纯白。心初黄，开足后赭墨色。长柄，丛生，叶嫩绿，亦有柄。随风而舞，花之流逸者也。写此花者，必兼风月，或飞燕宿鸟，以淡墨青烘之，则花显而云气亦出。”[③] 作为丹青妙手，他道出如何通过点染环境来烘托梨花的风姿绰约之美。

和桃李等果树一样，梨花也属娇艳的春花。唐代诗人王维《田园乐》诗“桃红复含宿雨，柳绿更带朝烟”，用浓墨重彩的笔调写出春天朦胧的美。后来人们常用“桃红柳绿”指代春天的景色。与王维同时期的李白《宫中行乐词》则别出心裁地称道春景为“柳色黄金嫩，梨花白雪香”，通过轻松的笔调道出春天柳丝鹅黄、梨花

① 赵立勋，阙再忠，王大淳，等．遵生八笺校注［M］．北京：人民卫生出版社，1994：617.

② 李渔．闲情偶寄［M］．上海：上海古籍出版社，2000：295.

③ 潘文协．邹一桂生平考与《小山画谱》校笺［M］．杭州：中国美术学院出版社，2012：97.

如雪的美景。南宋著名诗人陆游更认为梨花“粉淡香清自一家，未容桃李占年华”。不过，这只是诗人的一种感情宣发，梨花通常在桃李花谢之后才开，它们并不存在竞争关系。

唐代韩愈注意到“洛阳城外清明节，百花寥落梨花发”；来鹄认为“侵阶草色连朝雨，满地梨花昨夜风”，写的也是暮春时节；杜牧《残春独来南亭因寄张祜》更贴切地吟出“高枝百舌犹欺鸟，带叶梨花独送春”。南宋诗人曾觌《蓦山溪》词，通过梨花娇姿的抽象描绘，委婉地写出无限春意：“看梨花，一枝开早。珑璁映面，依约认娇颦，天淡淡，月溶溶，春意知多少。”

南宋《格物丛话》的作者感叹“春二三月，百花开尽，始见梨花，此花靓艳，寒香，自甘寂寞，罕见赏识于人，然又一种千叶花赋姿迥别，何造物者变态又若是奇且巧欤”[1]，生动地道出了梨花开放的时令和形态。不过，说它“罕见赏识之人”，当属乡曲之论。上面的史实足以说明其不成立，何况五代的《花经》已收录了梨花。元代学者郯韶《梨花》诗也描绘晚春的梨花之美，他写道：“渚宫花落雨霏霏，春尽江南客未归。多少东家胡（蝴）蝶梦，相思并逐彩云飞。”暮春时节，诗人看着眼前飘落的梨花，朦胧中不免生发了“庄生晓梦迷蝴蝶”的梦幻意象。

① 谢维新．古今合璧事类备要・别集：卷28[M]//四库全书：941册．台北：商务印书馆，1983：167.

古人赏梨花的情境

梨花在春天是如此缤纷秀丽，浪漫的古代诗人很快发现在花丛中畅饮赏花之美妙。唐代白居易《杭州春望》诗云“红袖织绫夸柿蒂，青旗沽酒趁梨花”，而韩愈更有“闻道郭西千树雪，欲将君去醉如何”，表达了希望能在花间畅饮、一醉方休的心愿。更有一些好事者，发明“为梨花洗妆”，以更好地践行此种享乐和增加春游的情趣。据说唐代开始流行此种习俗，大概就属此类“发明”。《云仙散录》记载：“洛阳梨花时，人多携酒其下，曰：‘为梨花洗妆’，或至买树。”[①] 这种习俗似乎也被后代的文人学者传承。宋代欧阳修《千叶红梨花》有“风轻绛雪樽前舞，日暖繁香露下闻”，明代诗人杨基《北山梨花（有序）》写下“余卜居金川，去北山无十里，每清明时，梨花盛开，辄动洗妆之想”，画家、文学家文徵明《梨花》也有“洗妆见说清明近，旋典春衣置酒樽”，惟妙惟肖地道出了花间饮酒的惬意。

不仅如此，古人很早就注意到“雪作肌肤玉作容”的梨花，在皎洁的月下更加妖娆，月色清辉能增添梨花雅洁明净之美。善于形象思维的古代诗人，设想梨花的素雅与明月的皎洁相融、掩映生辉，赞美这是一幅超凡

① 冯贽．云仙散录［M］．张力伟，点校．北京：中华书局，2008：22.

脱俗的闲适美景。唐代钱起《梨花》诗已有：“艳静如笼月，香寒未逐风。”北宋晏殊兴会堪称此种体悟的经典，其诗曰“梨花院落溶溶月，柳絮池塘淡淡风”[①]，生花妙笔，生动地描绘出皎洁的月色和素雅的梨花的美妙交融，也成为此后欣赏梨花之美的一种重要的格调。著名学者沈括也曾写下：“寒食轻烟薄雾，满城明月梨花。”韩忠彦《赏梨花》诗有这样的感触：“风开笑颊轻桃艳，雨带啼痕白玉容。蝶舞只疑残雪压，月明惟觉异香浓。”叶梦得则将柳絮飞舞和梨花飘扬的清新空灵描绘得栩栩如生，写出“柳絮尚飘庭下雪，梨花空作梦中云”。南宋著名女词人朱淑真《梨花》诗云，“朝来带雨一枝春，薄薄香罗蹙蕊匀。冷艳未饶梅共色，靓妆长与月为邻”，也将梨花的娇容与皎洁的月色联系在一起。而史达祖进一步以“杏花烟，梨花月，谁与晕开春色”来抒发杏花烟雨、梨花溶月的一种时空中虚实掩映、情景交融的亦真亦幻的春光美景。“明月梨花”是如此受人激赏，以至《东京梦华录》的作者在描绘京城游春时不禁写道，“缓入都门，斜阳御柳；醉归院落，明月梨花”，生动地再现了北宋东京的“繁华”。清新明媚大约是古人给赏梨花设定的一种格调。

梨花虽然秀丽多姿，不过其开时，常在清明前后。洁白素雅的花朵不免让人产生某种凄清伤感的联想。被

① 钱锺书．宋诗选注［M］．北京：人民文学出版社，1982：14.

尊为“花间词派”鼻祖的唐代诗人温庭筠曾吟出“寂寞游人寒食后，夜来风雨送梨花”。暮春多雨，带雨梨花晶莹剔透，带给人一种凄婉之美，这或许是它被誉为“花之流逸者也”之缘故。有学者道出“梨花腻白如玉，绰约有态，江南二月，每多风雨，此花经雨，转觉姿媚动人”[①]，深刻地道出雨后梨花、晓风凉露，犹如美人倦妆的动人之处。诗人白居易在《长恨歌》用“玉容寂寞泪阑干，梨花一枝春带雨”的诗句来形容杨玉环珠泪满面的娇容，从此“梨花带雨”常用作形容佳人垂泪的图景，与李白《清平调》“春风拂槛露华浓”有异曲同工之妙。如果说李白摹写的是杨贵妃春风得意时有如牡丹的雍容华丽的话，白居易描绘的则是杨贵妃落难时犹如带雨梨花的凄清与哀愁。

不仅如此，暮春时，缟素的梨花飘零，诗人常常借此抒发春光易逝的伤感和惆怅。著称的有唐代诗人刘方平的《春怨》“寂寞空庭春欲晚，梨花满地不开门”，元稹的《使东川·江花落》“日暮嘉陵江水东，梨花万片逐江风。江花何处最肠断，半落江流半在空”；类似的感情抒发还有杜牧“带叶梨花独送春”，来鹄“侵阶草色连朝雨，满地梨花昨夜风”。宋代文学家苏轼也曾感慨：“惆怅东栏一株雪，人生看得几清明。”这种时令加上白居易《长恨歌》的哀悼诗句，此后一些文人吟咏它

① 高士奇．北墅抱瓮录［M］//续修四库全书．上海：上海古籍出版社，2002：228.

时，常带有一种离愁哀怨的情调。侯穆《寒食饮梨花下得愁字》更是写下："妆靓青蛾妒，光凝粉蝶羞。年年寒食夜，吟绕不胜愁。"宋代谢逸《梨花》诗"剪剪轻风漠漠寒，玉肌萧瑟粉香残"，则抒发了诗人淡淡的春愁。汪洙称它"院落沉沉晓，花开白雪香；一枝轻带雨，泪湿贵妃妆"，而李重元的"雨打梨花深闭门"则是承袭刘方平的手法来表达"伤春怀人"的名句。

明代一些多愁善感的学者沿袭了前人的那种风气。文徵明《梨花》诗也深沉地写道："粉痕浥露春含泪，夜色笼烟月断魂。十里香云迷短梦，谁家细雨锁重门。"他通过细腻描绘带露梨花如粉面含泪，而夜色轻笼的梨花又如冷月断魂，大片盛开的梨花犹如香云梦幻，来渲染梨花的脱俗凄清和素雅动人。

园林月下娇花

梨花秀丽优雅，自古以来，一些著名的园林景点常栽培它，以构建旖旎风光。历史上，这类案例很多。《西京杂记》记载，汉代上林苑栽梨不少。晋代著名富豪石崇的"金谷园"种植的梨花也很有名气。潘岳《金谷园赋》有："灵圃繁若榴，茂林列芳梨。"还有学者的梨花诗称:“玉垒称津润,金谷咏芳菲。”唐代一些公馆衙门也栽培梨花。丘为《左掖梨花》称“冷艳全欺雪,余香乍入衣”,道出门下省栽培梨花情形。名臣李德裕在自己的别墅“平泉山居”也栽培了“蓝田之栗、梨”。宋代诗人、画家文与可《北园梨花》则写下:“寒食北园春已深,梨花满枝雪围遍。”北宋时期著名的皇家园林艮岳也栽培了不少梨花。当时诗人李质奉诏撰写的《艮岳百咏·雪香径》有:“夹径梨花玉作英,年年寒食伴阴晴。要看雪色无边际,十二楼前月正明。”诗中描绘了园中寒食节时分绽放的梨花无边无际。

明代园艺学家王世懋酷爱梨花之美。他的《闽部疏》记载福建西北的南平梨花很多,非常美丽。书中写道:“入延[①]境绝不见李,而特多梨花。尤壮雅,殊令人寄情。”[②]他自称:“余性雅爱梨花之类,……溶溶院落,何可无此君,终当致之。”[③]他一心想着要在自己的花园中栽培梨花,同时也可看出受传统影响,古人赏梨花,一直带有“梨花伴月”这种清丽闲适情怀。在云南为官的顾养谦在《滇云纪胜书》中记述云南“梨花则处处有之,或拥山巅,或列山脚,或满人村,望之如涛如雪”[④]。明代扬州著名的“影园”栽培了不少梨花。

① 指延平,今南平。
② 王世懋.闽部疏[M]//丛书集成初编.上海:商务印书馆,1935:11.
③ 王世懋.学圃杂疏·花疏[M]//生活与博物丛书.上海:上海古籍出版社,1993:318.
④ 王宗羲.明文海:卷209[M].北京:中华书局,1987:2089.

清代，人们延续了前人对梨花美景的喜爱。陈淏子在其《花镜》中认为：“梨之韵、李之洁，宜闲庭旷圃，朝晖夕蔼。”梨花受青睐最显著的例子就是清代统治者在营建承德热河行宫时，刻意营造“梨花伴月”胜景，构建“春日万树梨花，素艳幽香，清辉不隔”的壮丽景观，后成为著名的“承德三十六景”之一。[①] 喜好附庸风雅的乾隆在《梨花》中写道：“佳人院落溶溶月，思客情怀冉冉春。一种淡然相伴处，不怡神亦定伤神。”杭州“横山草堂”有：“梨树一株，疏秀入画，及夫花发，

梨树花丛

① 曹诚．热河志：卷 27［M］// 四库全书本，495 册．台北：商务印书馆，1983：401.

春雨微蒙，娇香冷艳，潇洒风前也。”[①] 时至今日，各地著名园林有梨花美景的仍然不少。北京日坛公园、天坛公园百花园一带，都有一些观赏价值极高的梨花。

作为一种常见的果树，中国各地都有许多梨园，尤以北方为多。北京郊区的大兴、房山、门头沟等地都有大片的梨园。河北不仅有号称“中国鸭梨之乡”的魏县，还有号称“中国雪花梨之乡”的赵县。这两个县内皆有二三十万亩的梨园。晚春梨花怒放时，梨丛花海银装素裹，四野皆成白花的海洋，恍如人间仙境。而传统文化中梨花所表达的思乡和离愁意蕴，仍然在脍炙人口的歌曲《梨花又开放》和京歌《梨花颂》的传唱中不断流传。

① 陈植，张公弛．中国历代名园记选注［M］．陈从周，校阅．合肥：安徽科学技术出版社，1983：236.

⁕ 风流月季

月季名称由来

色彩纷呈的月季，无疑是当今世界最受人喜爱的观赏花卉之一，在西方有“花中皇后”之称，不但各地的城市街区和园林中随处可见它们妩媚多姿的靓丽身影，而且还是著名的四大切花之一。每当情人节来临时，现代月季（所谓的“玫瑰”）切花充斥着城中大街小巷的花市，成为青年男孩赠送心仪女孩的首选礼物。此情此景，不由让人想起宋代著名诗人陈与义（1090—1138）《微雨中赏月桂独酌》的名句：天下风流月桂花。

陈与义，号简斋，南北宋之交的杰出诗人。诗中的“月桂”即月季。南宋诗人舒岳祥的《和正仲月季花》小序写道：“此花以四时季月开，亦名长春。一种白色，又名月桂。陈简斋诗所谓‘人间跌宕简斋老，天下风流月桂花。一壶独向丛边尽，细雨霏霏湿暮鸦’者是也。”[①] 南宋末年的植物类书《全芳备祖》收录陈与义这句诗作“天下风流月季花”就是这个缘故。陈与义曾

① 北京大学古文献研究所．全宋诗：卷 3441（65 册）[M]．北京：北京大学出版社，1995：40994.

经当过参知政事，故《全芳备祖》的编者陈景沂称之为“陈参政”。

蔷薇科植物是一个庞大的家族，在中国的种类超过千种。蔷薇类花卉在中国各地很常见。一些花色鲜艳的种类，如多花蔷薇（*Rosa multiflora*）、月季（*R. chinensis*）、酴醾、木香和玫瑰（*R. rugosa*）很早就为古人注意，并逐渐被栽培，成为观赏花卉。其中，蔷薇和玫瑰很早就被用于庭园装饰。相较于蔷薇和玫瑰，原产南方的月季，在文献中出现得晚一些，也可能早期它与蔷薇被归为一种。

月季花的野生种分布于中国的四川和贵州等中西部省份，东南的福建也产。现在闽西山中篱落间常见栽培这种粉红色的单瓣或多瓣的月季花。月季得名缘于每个月都开花，花期很长，古代又称月月红、月桂[①]、长春、胜春、斗雪等，现在江南和福建等许多地方仍沿用“月月红”这个名称。五代时期的《花经》开始出现“月红”的名称。月季一名似乎到宋代的文献中才出现。著名学者宋祁在其记述四川动植物的《益部方物略记》写道，“此花（月季花）即东方所谓‘四季花’者，翠蔓红葩，蜀少霜雪，此花得终岁，十二月辄一开”。月月红这个名称也出现于宋代。

作为一种园林花卉，月季花期长的优点显而易见，

① 在客家话中，月桂与月季同音。

乡村篱落中的原始月季

它不存在人们常感慨的“人无千日好，花无百日红”的缺憾。它在中国南方逐月开花、四时不绝，无须伤春，不用悲秋。加之花色鲜艳俏丽，从宋代开始，颇得一些学者、名流的喜爱。宋代不少诗人都称颂它超长花期足以傲视群芳。韩琦称:“牡丹殊绝委春风，露菊萧疏怨晚丛。何以此花容艳足，四时长放浅深红。”苏轼《月季》诗也称:“花落花开无间断，春来春去不相关。牡丹最贵惟春晚，芍药虽繁只夏初。”牡丹、芍药和菊花皆名花，无奈花期不长，未免有“花开花落不长久，落红满地归寂中”的彩云易散之感，月季则无此遗憾。为此，苏门四学士之一的张耒甚至吟出:“月季只应天上

物，四时荣谢色常同。”擅长状写天然景物的南宋诗人杨万里更是称誉“此花无日不春风”。后来还有诗人说：“惟有此花开不厌，一年长占四时春。”得名“长春”，殆非虚语。

超长花期的月季，也使其商业价值比其他花卉更高。宋代徐积（1028—1103）在其《长春花》诗中以诙谐的笔调写下：“曾陪桃李开时雨，仍伴梧桐落后风。费尽主人歌与酒，不教闲却卖花翁。”诗中通过桃李花开、梧桐落叶来彰显月季花期之长，极言其商业价值之高。月季还有一个近亲叫香水月季（*Rosa odorata*），原产中国云南的文山和大理等地，四川和江浙一带都有栽培。香水月季的花蕾秀美，花朵的形态特别优雅，同样四季开花，花色娇艳且芳香，也是园林中受欢迎的著名花木之一。

乡野、城市处处栽

在乡村，月月红是篱落、小院围墙的常见景物，宋代诗人的月季花诗所谓“风流天下真难似，惜赂篱边砌下栽”正是这种图景的真实写照。在城市园林中，花期长而娇艳的月季，同样是呈现四时不谢之花、八节长春

粉红现代月季

黄色现代月季

之景不可或缺之花卉。从北宋学者周师厚的《洛阳花木记》可以看出，当时西京洛阳的园林已经栽培了密枝月季、月桂（粉红）、黄月季、深红月季等多个品种。南宋都城杭州，花园很多，月季等蔷薇类花卉也是常见的栽培种类。吴自牧的《梦粱录》记载三月暮春时节，百花盛开，其中就有月季、粉团、长春等各种花。当时的花市已然非常繁荣，“卖花者以马头竹篮盛之，歌叫于市，买者纷然”。

不仅都城，南方各地也都普遍栽培月季。从洪适的《盘洲记》和一些地方志的记载来看，江西、浙江和福建各地也普遍栽培月季。在浙江中部沿海的台州，月季是一种受人喜爱的花卉。南宋《赤城志·土产》记载：

“长春，红色，一名月月红。”赤城就是台州。福州不但有这种花，而且还引进过一些新品种。福州方志《三山志》记载“长春，花亦四时有之”，又说“斗雪红，闽中近有之。花如玫瑰，而香色逊之，四时常芳，不随群卉凋茂，亦名胜春”。月季常年开放，又使得它收获“斗雪红”“胜春”等美名。

明清时期，月季在全国各地广泛传播。在明代，它显然是各地常见的大众花卉。王世懋《学圃杂疏》、高濂《遵生八笺》都有月季栽培的记述。高濂还在书中传授了一种管理技术，他说月季有两种，俗名月月红，通过摘去花谢后的花萼（实为幼果），促使植株持续开花。“二种虽雪中亦花，有粉白色者，甚奇。……按月发花，色相妙甚。”[①] 显然，高濂喜欢这种花卉，原因在于它雪中也能开花，颜色非常赏心悦目。李时珍在《本草纲目》中提到“处处人家多栽插之，亦蔷薇类也”，指出这是人们普遍栽培的一种蔷薇类的花卉。清代的人们则常把月季当作盆栽清玩。

月季和菊花都是各地普遍栽培的传统名花。清代有个《月季花谱》的作者自号“评花馆主”。这位颇具闲情逸致的花卉爱好者，对这两种花的特色有如下一番高论：“月季花先止数种，未为世贵。……近得变种之法，遂愈变愈多，愈出愈妙。始于清淮，蔓延于大江南

① 高濂．遵生八笺：卷16［M］．北京：人民卫生出版社，1994：621.

北，且得高人雅士为之品题。花则尽态竭妍，名则标新角异。而吴下月季之盛，始超越古今矣。且种数之多，色相之富，足与菊花并驾。尝谓菊花乃花中之名士，月季为花中之美人。名士多傲，故但见赏于一时，美人工媚，故得邀荣于四季。因而人之好月季者，更盛于菊。”①这个馆主的见解诙谐别致，且不论他称菊花为“花中名士”和月季为“花中美人”的玄论是否能得到大众认可，但确实道出了月季得益于长花期、更受人们的青睐和追捧的社会现实——毕竟月季不仅可以“长春”，还能“斗雪”。

天下风流渐成真

在中国历史上，月季并非特别著名的花卉，陈与义的诗句或许仅仅因为在这种“长春”花下的一种感时伤世，似未有特别让人信服的理由。时过境迁，如今受西方送花文化的影响，它被人们广泛用作表达爱意的信物，成为名副其实的“天下风流”。不过这一切又是在“玫瑰”的名义下进行的，听起来颇有些“荒诞离奇”。

从 16 世纪开始，西方人沿海路来华后，在中国引种了包括月季在内的大量蔷薇属美丽花卉。在西方，不

① 评花馆主．月季花谱［M］//生活与博物丛书．上海：上海古籍出版社，1993：91.

像中国有月季、玫瑰和蔷薇的区分，人们将这类花卉通称 rose 或 rosa。这是西方人情有独钟的一类花卉，在他们的文化中具有很多的象征意义，其中为国人熟知的是被当作爱情的象征。据说在古希腊神话中，rose 由垂死美少年阿多尼斯流出的鲜血长成，而阿多尼斯是爱与美的女神阿芙洛狄忒的爱恋对象，于是 rose 由此成为爱情的象征。

西方在引进中国花卉的同时，也向中国输出他们的“送花”文化。中华大地不知何时开始出现大批皈依的“善男信女”，他们不知“伊其相谑，赠之以芍药”的古风，也没听说“桂尊迎帝子，杜若赠佳人”的斯文，更不知诗人将梅花“折赠佳人手亦香”，只知时下流行西洋风俗，给心爱的人送 rose。这个词不知为何又在中国被阴差阳错地译成“玫瑰”。

历史上，玫瑰作为花名在中国早有确切含义。那是一种夏日开花，叶有皱褶，花单生，浓香艳紫，旖旎芬烈，茎上锐刺猬集，有“刺客”之称的香花。兰州永登县、山东平阴都是玫瑰著名产地，其学名为 *R. rugosa*，花瓣可食，鲜花可提取香精。而现在市场上销售的“玫瑰”主要是由西方从中国引种的月季、香水月季等多种蔷薇属花木和当地蔷薇杂交培育出来的。尽管它们的基因与传统的月季有很大的不同，花的形态和颜色也远为

传统的中国玫瑰

丰富且绚丽异常，但却保留了月季艳丽而花期长的基本特征。

人们通常把 1867 年前的月季品种称作古老月季，而将 1867 年以后通过月季与其他蔷薇属植物杂交出来的品种叫作“现代月季”。它的特征包括叶表平滑，花期超长（四季开花），茎上带着稀疏的犬牙似的皮刺，嫩芽发红等，与中国传统的玫瑰在形态上有明显的差别。但这并不妨碍富有经济头脑的商人及文人在“花市”乃至广阔的文学和艺术领域中将现代月季指称为“玫瑰”。因为人们在这里追求的是引入文化中所包含的浪漫激情，还有潜藏其中的巨大商机。在当今社会，谁会在意这文化交融的光鲜表象背后给传统带来的混乱，抑或是一种文化“全球化”冲击造成的混沌？

当今世界，现代月季不但“情场”得意，有“花中皇后”的美誉，而且品种超过 2 万个，用作表达爱意的信物，日益深入人心，“无日不春风”，寓意十分妥帖，说它“天下风流”可谓实至名归。不仅如此，它在城镇街区园林美化中也占有举足轻重的地位，长城内外，大江南北芳踪遍布，流光溢彩，给社会大众带来许多美的享受。它的栽培地域之广泛和受重视的程度，远超梅花、牡丹等传统名花。北京、天津、大连等众多大城市都把它当作市花。

橘红色现代月季

⁕ 罂粟古今

对经历过沉重鸦片战争的中国人而言，罂粟可谓“闻名遐迩”，是让人们心中有挥之不去阴影的著名毒草。实际上，罂粟和世间众多事物一样，不存在非好即坏，它的花可观赏，果实可入药，种子可供食用。它呈现的价值，与人类开发导向密切相关。

清代郎世宁所绘罂粟花

外来观赏花卉

罂粟别名米囊花、莴苣莲、罂子粟和御米。其花形态略似莲花、果球形或椭圆形，像米袋或酒罐子；种子可食。这种罂粟科一年或二年生草本植物植株美观，叶边缘有缺刻，基部抱茎；夏季开花，花单生枝顶，丰盈艳丽，有红色、紫色、白色等多种颜色，色彩斑斓，适宜观赏。

罂粟原产南欧，唐初传入中国。初入中华，在百草园中寂寂无闻，人们谈论起它云淡风轻。唐代名将郭元振（656—713）《米囊花》诗中说起它，充满不屑："开花空道胜于草，结实何曾济得民。"言外之意，这不过是花不足道、果无用的植物。不过，它容易栽培，传播很快，人们也逐渐开发出某些价值。陈藏器把它当作药物收入《本草拾遗》，罂粟花这个名称即见于这本书[①]。一些地方田间道旁也开始栽培。诗人雍陶的《西归出斜谷》曾有"马前初见米囊花"。五代张翊也把它收入《花经》。

进入宋代，罂粟花容易栽培，又可入药，日益受到重视，成为常见的观赏植物。宋代《图经本草》（1061）记载："罂子粟，旧不着所出州土，今处处有之，人家

① 唐慎微．重修政和经史证类备用本草：卷26［M］．北京：人民卫生出版社，1982：497.

园庭多莳以为饰。花有红、白二种，微腥气。其实作瓶子，似髇（音哮）……”[1]从中可见，当时人们已经常用这种花卉装点庭院。《本草衍义》的作者则提到当时的罂粟花有多瓣的品种。因花色浓艳又称锦被花，古人认为它“簇若剪绡”。北宋《洛阳花木记》记述洛阳城中有“御米花”。《梦粱录》提到当时罂粟是杭州城栽培花卉中的一种。南宋各地方志多有栽培记载，台州方志《赤城志》还解释了“罂粟”名称的来源，书中记载:“以状如瓶罂，其中似粟，故名。本草有罂字，粟正用此字，俗云莺粟者误。”当时农书有罂粟花较细致的栽培技术记载[2]。

到明代，罂粟在各地栽培更加普遍，品种也不断增多。当时江浙一带的园艺学家笔下多有记述。王世懋认为:“芍药之后，罂粟花最繁华。其物能变，加意灌植，妍好千态。曾有作黄色、绿色者，远视佳甚，近颇不堪。闻其粟可为腐，涩精物也。”他称道罂粟花色彩缤纷，颇具观赏价值，但黄色、绿色花宜远观，不适于近看，将罂粟花、虞美人和满园春都归为罂粟花同类。另一园艺家周文华称罂粟:“予家有数种，皆千叶。有剪茸，花蕊狭长如剪。有球花，蕊阔大纽结如球。各有大红、桃红、纯紫、红紫、纯白五色。四月中盛开，富丽

① 唐慎微．重修政和经史证类备用本草：卷 26［M］．北京：人民卫生出版社，1982：497.

② 吴怿．种艺必用［M］．胡道静，校注．北京：农业出版社，1963：45.

瑰玮不减牡丹，亦一时之奇观也。”[①] 作者对罂粟花的评价很高，将它与牡丹相提并论。当时的《姑苏志·土产》也说，罂粟“有千叶单叶之异，成畦种之，五色烂然”。明晚期苏州著名戏剧作家张大复的《闻雁斋笔谈》记载：“罂粟花之无香韵者也。朱宓侯种之盈亩，万朵烂然，亦足夺目。”以上说明华东苏州一带，罂粟花不但有单瓣的，还有重瓣的，是一种受欢迎的观赏花卉。

罂粟花（强科斌/摄）

当时，西南一些地方也大量栽培罂粟花，品种众多。明初程本立的《巽隐集》卷二记载，作者随周王（朱

① 周文华.汝南圃史：卷9［M］//续修四库全书：第1119册.上海：上海古籍出版社，2003：132.

槵）被贬云南期间发现“滇阳二月，罂粟花盛开。花皆千叶，红者、紫者、白者、微红者、半红者、傅粉而红者、白肤而绛唇者、丹衣而素纯者、殷如染茜者，一种而具数色，绝类《丽春谱》之所云。余念昔居吾乡，有亭芙蓉浦上，亭外罂粟三亩许，花惟单叶，红、白二色而已。……兹焉流落万里，人事不及而植物遇之”。感而赋诗云：“二月昆明花满川，丽春别种最芳研。青黄未着罂中粟，红白都开地上莲。逐客形容嗟老矣，美人颜色笑嫣然。马头初见情多感，吟得诗成莫浪传。”程本立是浙江桐乡人，被流放前，在故乡能见到的罂粟花仅有单瓣的，颜色只有红白两种，而在云南昆明，品种繁杂，颜色众多，都为重瓣。两地罂粟花品种的差别，不可同日而语。明代诗人吴幼培《罂粟花》对罂粟花有这样的称颂：“庭院深沉白昼长，阶前仙卉吐群芳。含烟带雨呈娇态，傅粉凝脂逞艳妆。”

罂粟在清代仍是一种颇受欢迎的观赏花卉。李渔指出“花之善变者，莫如罂粟”，注意到罂粟的变异很多。他说“牡丹谢而芍药继之，芍药谢而罂粟继之，皆繁之极、盛之至者也”，认为与牡丹、芍药搭配，可使园林花开不断。陈淏子的《花镜·花草类考》写道：“罂粟，……种具数色，有深红、粉红、白紫者，有白质而绛唇者，丹衣而素纯者，殷如染茜者，紫如茄色者。多植数百本，则五彩杂陈，锦绣夺目。叶似茼蒿，边屈曲多尖。二三月抽薹结一青苞，花发则苞脱，罂在花中，顺蕊裹之。结实如小莲房，一囊千粒。”其见解与王世懋同出一辙。河北方志《畿辅通志·土产》收录了罂粟，书中记载：“金粟，俗名莴苣莲，一名莺粟。”清代著名画家钱维城（1720—1772）曾经绘制过非常漂亮的罂粟花，形态准确逼真，酷爱附庸风雅的乾隆对此大为欣赏，题诗云：“无香有色谩评谰，长短奚如平等观。却笑满罂堆着粟，只供把玩不供餐。”著名学者孙星衍《五亩园看罂粟花》有如下写照，“四山如画独登台，众绿成阴坐举杯。花似文章摛锦出，人随蜂蝶拥门来”，形象地描绘出人潮涌动的观花盛景。

可供食用的“粟”

罂粟在作为观赏花卉栽培的同时，也被当作一种作物栽培。唐末农书《四时纂要》有其栽培技术的记述[①]。根据《图经本草》记载，罂子粟（即罂粟）的种子在宋代曾被当作粮食；《证类本草》把它列在“米谷部下品”，记载它“和竹沥煮作粥，食之极美。一名象谷，一名米

① 韩鄂．四时纂要校释［M］．缪启愉，校释．北京：农业出版社，1981：194.

囊，一名御米”[1]，指出御米、米囊花、象谷等名称的来源。南宋《海盐澉水志·物产》也把它当“杂谷”收录，从中可以看出罂粟种子曾被视作一种辅助谷物。

宋人所绘罂粟花[2]

罂粟被当作补充谷物，也见于当时的一些名人记事。苏辙《种药苗二首》（并引）写下：“予闲居颍川，家贫不能办肉。每夏秋之交，菘芥未成则盘中索然。或教予种罂粟、决明以补其匮。”其《种罂粟》诗云：“筑室城西，中有图书。窗户之余，松竹扶疏。拔棘开畦，以毓嘉蔬。畦夫告予，罂粟可储。罂小如罂，粟细如粟。

① 唐慎微．重修政和经史证类备用本草：卷 26［M］．北京：人民卫生出版社，1982：497.

② 有些画册标此画为“虞美人”，就形态特征而言，显然是错的。

与麦皆种，与穄皆熟。苗堪春菜，实比秋谷。研作牛乳，烹为佛粥。”诗中提到罂粟苗可作蔬菜，种子可以煮粥当主食。南宋诗文也有不少类似的记述。周紫芝的《种罂粟》诗云：“嫣花落尽罂不空，碎粒圆时粟初熟。乳膏自入崖蜜甜，满贮醍醐饮僧粥。”其后，许及之的《罂粟》诗同样有：“采苗能胜芹，摘实可当粟。”宋代林洪的饮食笔记《山家清供》中，记载罂粟种子可以制作一种名为“罂乳鱼”的小吃。

不仅如此，罂粟汤在古人笔下还是一种非同寻常的美味佳肴。苏轼在留宿宜兴竹西寺时曾写道：“道人劝饮鸡苏水，童子能煎莺粟汤。”南宋文学家李弥逊《和少章罂粟汤》写道：“旋烹雪粒胜琼浆，扑鼻香浮绕夜窗。甘比玉莲开太液，色分秋练净澄红。”

明代李时珍的《本草纲目》肯定了前人罂粟苗可当蔬菜的说法，还认为嫩苗作蔬菜食用“甚佳”，指出罂粟果实“中有白米极细，可煮粥和饭食用。水研滤浆，同绿豆粉作腐食尤佳”。文震亨《长物志·花木》也记有，“罂粟：以重台千叶者为佳，然单叶者子必满，取供清味亦不恶，药栏中不可缺此一种”。清代画家邹一桂指出，罂粟“一本数花，初生时莱荑可食，粟可为腐，香美。”[①] 罂粟壳也是很好的调味品，不过，这东西对身体有害，还会上瘾，不能在日常生活中使用。

① 潘文协．邹一桂生平考与《小山画谱》校笺［M］．杭州：中国美术学院出版社，2012：107.

古老的药物

不论中外，罂粟作为药物使用由来已久。罂粟果中的乳汁干燥后称鸦片。《旧唐书·西戎传》记载，唐代乾封二年（667 年），以鸦片为主要成分的药物“底也伽”曾由大食国贡入。唐初《新修本草》中有关这种药物的记述如下，“主百病，中恶，客忤邪气，心腹积聚。……胡人时将至此，亦甚珍贵，试用有效”，道出其主治和来源。宋代，李复《种罂粟》“饱闻食罂粟，能涤胃中热。问邻乞嘉种，欲往愧屑屑”，提到罂粟能去胃热。另外，它的果壳也被当药用。明清时期，鸦片根据阿拉伯语 afyun 或拉丁文 opium 先后被音译成阿芙蓉、阿片、鸦片诸名称。生活于明代天顺年间（1457—1464）的徐伯龄，在其所撰《蟫精隽》卷十中记载，“合甫融：海外诸国并西域产有一药，名合甫融，中国又名鸦片，状若没药而深黄，柔韧若牛胶焉。味辛，大热，有毒，主兴助阳事，壮精益元气，方士房中御女之术，多用之。”这里的“合甫融”后来又衍化为“阿芙蓉”“阿片”。

明代李时珍《本草纲目·谷部·阿芙蓉》对其药用功能有比较细致的记述：“阿芙蓉前代罕闻，近方有用者，云是罂粟花之津液也。”大约当时鸦片提炼的技术也传入中国。[1] 他接着写道："罂粟结青苞时，午后以大针刺其外面青皮，勿损里面硬皮，或三五处，次早津出，以竹刀刮，收入瓷器，阴干用之。故今市者犹有苞片在内。"他提到罂粟可以"治……久咳，敛肺涩肠，止心腹筋骨诸痛"。明末清初，方以智《物理小识》也记述了罂粟包括药用的多种用途："罂粟，……花后囊如瓶，有细米可粥。可以取油。其壳入药，主涩敛。"[2] 可能源于其有某种麻醉作用，传统医药用鸦片治疗各种疼痛，效果良好。不过，毕竟它是毒品，吞食过量能致死，清末甲午海战战败的丁汝昌就是吞鸦片自杀的。

从鸦片中提取的吗啡，是现在常用的镇痛药物。它可作用于中枢神经系统，在镇痛的同时还能改善由疼痛所引起的焦虑、紧张、恐惧等情绪反应，产生镇静作用，能提高患者对疼痛的耐受力。不过，国家对这种药的使用有严格管控，毕竟它会让人上瘾。

色彩斑斓的花，积蓄着"甜蜜"的毒。谁料"草木本是无情物，牵动神州万里愁"。19 世纪前期，英国东印度公司把鸦片当作嗜好品大量输入中国，毒害中国人民，破坏中国经济，危害惨烈。受吸食之风的影响，一些地方甚至种罂粟制鸦片。当时诗人黄宅中写下《水西谣·铲罂粟》："何物阿芙蓉，重洋来吕宋。嗟我醉梦

① 王玺《医林类证集要》（成书 1482 年，刊于 1515 年）有这方面的记述。

② 方以智．物理小识：卷 9［M］// 万有文库．上海：商务印书馆，1937：232.

人，甘为鸩毒中。”他指出，鸦片烟一名阿芙蓉，西洋人以此毒害中国，功令禁之甚严。1839 年，林则徐“虎门销烟”，被国人尊为“民族英雄”。而英国则以此为借口，悍然发动震惊中外的鸦片战争，中国从此沦为半殖民地半封建社会。这次的社会转折，也被视为中国近代史的开端。历经 100 多年前赴后继的努力，中华民族才从深重的内忧外患的苦难中走出，迈向了艰难的复兴之路。为了维护广大人民群众的身体健康，远离毒品，自 20 世纪下半叶以来，中国政府严禁种植罂粟。除被严格监管的药物园和大学生物园外，神州大地已难见其踪迹，只有罂粟的近亲、号称小罂粟的虞美人怒放在大江南北的园林中。

※ 虞美人花

柔纤还如舞

作为一种常见于各地园林的美丽花卉，别称“小罂粟”的虞美人，如今远比难得一见的罂粟花知名。虞美人别名丽春、满园春、御仙，据说还有锦被花、赛牡丹等别名。虞美人原产欧洲，花极妩媚娟秀，姿态妍冶、仪态万方。它的形态与罂粟相似，古人认为“丽春花，罂粟花别种”，将它视作与罂粟同类的另一种。

虞美人原本为西楚霸王项羽的忠贞伴侣虞姬的别称，将之作为一种柔美花卉名称，出于后代文人对这位薄命佳人的同情和怜惜。唐代学者段成式的《酉阳杂俎·广动植类之四》记载四川产一种“舞草”，只要人抵近唱歌，它的叶片就会摇动，有如跳舞。后代人添枝加叶予以演绎，就将舞草视作能歌善舞虞姬的化身，将它称作“虞美人草”。张洎《贾氏谭录》记载：“褒斜山谷中有虞美人草，状如鸡冠，大而无花，叶相对，行路人见者，或唱《虞美人》，则两叶渐摇动，如人抚掌之状，颇应节也。或唱他词，则寂然不动也。”[1]可见时人通过编造舞草对虞美人曲有感应而将其改称“虞美人草”。后来《益州草木记》也记述了“虞美人草”。北宋浪漫诗人陈师道《虞美人草》的“幽草默通神，旧题虞美人。长言方度曲，应节若翻身”，把“闻歌起舞”的舞草写成曾在帐中翩翩起舞的虞美人的化身。北宋女词人魏完则在其《虞美人草行》诗中进一步具象化：“香魂夜逐剑光飞，清血化为原上草。”南宋姜夔《虞美人草》也感慨写道：“江东可千里，弃妾蓬蒿中。化石那解语，作草犹可舞。”

不过，北宋著名学者宋祁对此有不同看法。他认为“虞美人草”应作“娱美人草”，因它能娱乐美人。从相关描述来看，“其草柔纤，为歌气所动”，不像是今天的虞美人，他们记述的应该是现在的舞草（*Codariocalyx motorius*）。那这种草名怎么变成花名的呢？这可能与两种花卉的栽培兴替有关。

从北宋开始，除“虞美人草”外，还出现一种叫“虞美人”的花。不过，当时的虞美人花似乎并非今天的虞美人。著名花鸟画家赵昌曾经绘过“虞美人花图”，据说是“团扇绢本着色，虞美人数枝施粉调朱，盈盈绰约”，不过原画今已不可见，其描述过于简单，无法确

① 张洎．贾氏谭录［M］//宋元笔记小说大观．上海：上海古籍出版社，2007：242.

定画的是什么。宋人的绘画也存有“虞美人图”[1]。这幅图不太像现在的虞美人，应该是罂粟花。南宋时期，著名学者周必大《文忠集》记载，常州的天庆观栽有“虞美人花”，说它“状类双鱼，色如金凤，其叶与牡丹无异”。从所述花朵和叶片形状来看，不类今天的虞美人，更像是“鱼儿牡丹”（荷包牡丹）。袁说友《东塘集》卷三有《常通判惠虞美人花亦名双鱼儿花》，从诗句“比目红绡结，双鱼碧玉枝。孤窗还遣伴，空忆美人词”来看，似乎也是荷包牡丹。可见当时书中所谓的“虞美人草”“虞美人花”都与如今的虞美人没关系，但的确让人联想到历史上那位美人。

花娇欲有言

那现今虞美人在当时叫什么呢？答案就是“丽春”。丽春作为一种花的名称在盛唐已经出现，与罂粟名称的出现年代相近。杜甫写过《丽春》诗，其中有“百草竞春华，丽春应最胜”，这里的丽春可能即今天的虞美人。以虞美人的婀娜多姿、鲜妍明媚，称为“最胜”，似乎并不为过。晚唐诗人郑谷《贫女吟》写下：“尘压鸳鸯废锦机，满头空插丽春枝。”北宋《洛阳花木记》记载

① 宋画全集编辑委员会．宋画全集：卷2（第2册）[M]．杭州：浙江大学出版社，2008：217.

虞美人

的丽春（亦名望仙）、黄丽春可能是两个品种的虞美人，同书的丽秋花不知是否也是虞美人。宋代丘濬《牡丹荣辱志》也记载了丽春。

宋代史籍中的“丽春”[①]比较能明确就是现今的虞美人。北宋著名文学家张耒的《丽春》诗有：“争妍知不足，出刺以自卫。”南宋潘柽的《丽春花》写道：“梁苑花销去，黄台果自薰。不同莺子粟，别是石榴裙。婀娜才胜掌，参差莫梦云。”徐月溪《丽春》诗也有：“并肩罂粟多含态，具体牡丹惟欠香。”梁克家的《（淳熙）三山志》

① 宋代《图经本草》记载的“丽春草”（又名龙芊草、丛兰艾、定参草和仙女蒿），从其产地生境和附图来看，应该不是罂粟科植物或为今天的虞美人。

记载："御仙，似罂粟而小。"《赤城志·土产》记载："丽春，茎生花，媚而香。"洪适的《丽春》诗写道："纤莛小作罂，瘦壳元无粟。色丽品少双，诗成看未足。"《海盐澉水志·物产》同样记有"荔春"。上述诗文所述的丽春花和御仙"有刺"、形态不同"莺子粟"，单瓣有如"石榴裙"，花姿比罂粟"多含态"，"花媚"等都像当今的虞美人。南宋《格物总论》记有："丽春花，罂粟花别种也。从生，柔干，多叶，有刺，有红、紫、白三色，而三色之中，红色者又多变态。今江浙间多此，惟金陵产者独胜他处耳。"这里直接将丽春花与罂粟花归为一类，而"柔干""有刺"，指植株花葶柔软，上有刺毛，这正是虞美人的形态特征（罂粟光滑无毛）。

虞美人（花葶有刺毛）

宋元时期，这是一种颇受欢迎的草花，尤其在南宋的江南一带。南宋官员赵崇嶓《移梅》诗有："邻家争乞丽春栽，玉手轻分带月培。"当时文学家舒岳祥也写过："晚花开遍幽畦草，石竹山丹及丽春。"元代舟山方志《昌国州图志·叙物产》也收录有丽春花。

鉴于丽春花色彩缤纷、婀娜多姿，南宋福建人游九言（1142—1206，字诚之，号默斋）特意创作了《丽春花谱》[①]。书中记载：

淳熙甲辰（1184），客金陵得异草曰丽春，罂粟别种也。罂粟其子可食，故无佳花。丽春太华，实遂无取。徇外则耗内，信乎物皆然。干柔叶冗，又不逮罂粟，出众草下。唯花有殊相，姿状葱秀，色泽鲜明，迥出葩花精华之上。遇风和晴昼，标吐倍妍。昔人命名亦善矣。根苗止一类而具数种之色，有红者、紫者、白者、傅粉之红者、丹杏之黄者。而红复数品，有彻红者、半红者、白肤而绛唇者、丹衣而素纯者，又有殷者如染茜下为黑趺之端加白章焉，余不尽名，盖红之类变态尤多也。紫二品，深者须青，淡者须黄。白亦二品，叶大者微碧，叶细者窃黄。而窃黄尤奇，素衣黄里，芳秀茸茸，若新鹅之毳，风致高，淡红紫其退舍欤。唯窃红者居众花下，似芍药中粉红楼，特差小，视凡花之粉红犹十倍也。其

①《千顷堂书目》卷15收录《丽春花谱》（作者误作宋游）。

大概如此。今江浙有之，独金陵产殊异耳。……丽春者纤草耳，又不幸余始知之种，征笔弱负二者之细，顾何自著名？是其重不遗，然一世巨材大厦，风雨之须，瀹叶何限，况葩花微草，宁暇多叹乎，姑述其名数以示爱花者。[①]

据游默斋的叙述，这种花称“异草”，可见非常受重视，它与罂粟同类不同种，似乎当时才驰名于世，其花比罂粟更可观。有趣的是，作者注意到，罂粟因为产出可以食用的种子，耗费了相应的营养，所以它的花就不太绚丽；与之相反，虞美人花太美艳，所以种子就不足以当食物。不同植物的花果呈现，各有得失，花实不可兼美，这或许就是“选择”的结果。这番话颇富哲理。他说虞美人的花“迥出葩花精华之上”，评价之高，不难想见丽春花在作者心目中的地位。文中还指出，江浙有这种花，尤其以金陵（南京）产的出众。

芳草能传易代姿

将丽春花称作“虞美人”似乎开始于明代，值得注意的是，这种情形出现在它被广泛栽培的江浙一带。虞

① 谢维新．古今合璧事类备要·别集：卷31[M]//四库全书：941册．台北：商务印书馆，1983：173.

美人草（舞草）似乎在那里的园林中并不知名，而婀娜的丽春就被叫作虞美人。明代钟夏《咏虞美人花》：“剑血纤纤玉帐倾，庭花犹带美人名。春风不解兴亡恨，故向江东处处生。”诗人在吟诵花名来源的同时，也道出江南地区常见这种花。不过其后也有一些名流将虞美人花与舞草混淆，清初李渔曾称：“虞美人花叶并娇，且动而善舞，故又名舞草。”

明代方志学家黄仲昭（1435—1508）在其《八闽通志》中提到：“御仙一名‘丽春’，有小罂如罂粟。”[①]苏州园艺学家王世懋《学圃杂疏·花疏》记载“罂粟”时说“又有一种小者曰虞美人，又名满园春”，书中把满园春当作虞美人的别名。明代松江人宋诩《竹屿山房杂部·树畜部二》也称“满园春，似莺花（罂粟花）而小，即虞美人”。博物学者顾起元（1565—1628）《客座赘语》中有这样一段话：“宋人游九言，字允默，著《丽春花谱》，极言此花颜色之奇艳。案此即今之罂粟与虞美人二花耳。罂粟花大而色少，虞美人花小而色繁，且妖丽变化。中秋插种于地，次年出，其花色多非曩所有者。造物之巧，于此一花，尤其特幻者也。”[②]顾起元将丽春花说成包括罂粟和虞美人两种显然不对。游九言在自己的书中，明确表述丽春与罂粟不同种，罂粟没有漂亮的花，而虞美人正好相反，所以游九言书中的“丽春”

① 黄仲昭．八闽通志：卷25［M］．福州：福建人民出版社，1991：722.
② 顾起元．客座赘语：卷1［M］．谭棣华，陈稼禾，点校．北京：中华书局，1987：14.

只能是虞美人。明代苏州园艺家周文华对这种花有明确的表述：“丽春，丛生，茎、叶、实皆如罂粟，而茎梢细。茎有毛，折之则出黄汁。用粪浇则花朵丰腴。有大红、粉红、紫、白诸色，一本而数十花，娇嫩可爱且耐久。又名‘蝴蝶满园春’，本自云南来，镇江呼为百般娇，吴俗呼为虞美人，盖罂粟之别种也。”①从中可看出，丽春即为虞美人，而且这个名称当时主要流行于江苏一带。它还有蝴蝶满园春、百般娇等别名。这里茎上有毛的形态正是虞美人，而蝴蝶满园春、百般娇等名称都非常形象地道出了虞美人花的妩媚。

明代园艺爱好者高濂在《遵生八笺》指出：“丽春花，罂粟类也。其花单瓣，瓣常飞舞，俨如蝶翅扇动，亦草花中之妙品也。”文中所述应属今天的虞美人无疑。书中又说“罂粟花三种。罂粟，千瓣五色。虞美人，瓣短而娇。满园春，夹瓣飞动。俱以子种”②，把虞美人和满园春都归于“罂粟花”类。他的记述很好地诠释了虞美人别名“百般娇”“蝴蝶满园春”名称的由来。它的株丛有些类似罂粟，但花却更加袅娜柔美，故称小罂粟。明代徐桂所写虞美人的诗有“红颜一日尽江湄，芳草能传易代姿”“迎风似逐歌声起，宿雨那经舞袖垂”，前面两句说消逝的美人化成了美丽的鲜花，后两句写虞美人翩跹起舞的风采神韵。

① 周文华．汝南圃史：卷10［M］//续修四库全书，1119册．上海：上海古籍出版社，2002：133.

② 高濂．遵生八笺：卷16［M］．北京：人民卫生出版社，1994：624.

清代，娇艳的虞美人颇受花卉栽培爱好者喜爱，在江浙一带仍广泛栽培。陈淏子《花镜·花草类考》在周文华等人的资料基础上有生动的综述：“虞美人原名丽春，一名百般娇，一名蝴蝶满园春，皆美其名而赞之也。江浙最多，丛生，花叶类罂粟而小，一本有数十花。茎细而有毛，一叶在茎端，两叶在茎之半，相对而生，发蕊头垂下，花开始直，单瓣，重心，五色俱备，姿态葱秀。尝因风飞舞，俨如蝶翅扇动，亦花中之妙品。”

清代不少著名的画家对虞美人都情有独钟。除恽寿平外，郎世宁、邹一桂[①]都绘过虞美人。它也是扇面和瓷器的装饰花卉。著名画家邹一桂在《小山画谱》有这样的描述：“虞美人，草本，类罂粟而小，一本数花，长柄有毛。花蕊下垂，开时始直，苞两片，顶出花头，五色俱备，叶多尖叉，形亦五出。瓶心如莲房，须环其外，

乾隆年间瓷碗所绘虞美人

① 此人是清初画家恽寿平的女婿，绘画深得岳父真传。

千叶者不见心。相传此花出虞姬冢上，四月开。”说此花出自虞美人冢，无疑是古代好事者编造的故事。清初词人彭孙遹《虞美人·咏虞美人花》生动地写道，“香魂帐底随烟冷，判与春风领。柔枝留得可怜名，一捻红衣犹似舞人轻。娇歌小按伤心拍，楚楚绡裳湿。玉环飞燕已成尘，不道虞兮原是此花身”，将柔媚的娇花比作轻舞而又让人怜惜的虞姬，写出了英雄美人生死离别的无尽哀愁和千古惆怅，情景交融，惟妙惟肖。西楚、两汉早已消亡，谁能知晓项羽、刘邦的模样？借助诗人的生花妙笔，人们却很容易从虞美人花中领略虞姬的优雅舞姿和妩媚的容颜。

✳ 悲情杜鹃

名称由来

杜鹃（*Rhododendron simsii*）是国人非常熟悉的一种花，广泛分布在中国长江流域各省（区、市），东至台湾，西至云南和四川，变种非常多。杜鹃可谓“厚积”于西南中部深山，“薄发”于中华南方大地，在春天村民熟悉的布谷声中竞相绽放，绚烂秀美的花丛绵延于祖国大江南北的丘陵高山，把神州大地装点得更加色彩斑斓、仪态万千。人们感叹自然的神奇，不自觉用神话加以点染。杜鹃春秋均可开花，在清明前后花开时，漫山遍野灿若红霞，蔚为壮观，故人们又称之为映山红。有关杜鹃花名称的来由，宋代诗人阮阅有这样的表述：“映山红，生于山坡欹侧之地，高不过五七尺。花繁而红，辉映山林，开时杜鹃始啼，又名杜鹃花。”[1]杜鹃是国人耳熟能详的天然名花，栽培历史悠久。近代以来，随着品种不断外传，逐渐成为世界庭园名花。

① 阮阅．诗话总龟：卷21［M］// 四库全书本：1478册．台北：商务印书馆，1986：494.

杜鹃花

这是一种灌木花卉，在闽西山区一带叫羊角花。鲜艳的五瓣花粉红色或鲜红色，数朵簇生枝头，十分好看。和许多南方物产一样，这种花在文献中出现较晚，东晋时期的《庐山记》称之为“山石榴”。它得名“杜鹃”大约始于唐代，过程颇有些传奇的意味。

杜鹃是倚鸟名而著称的花卉。而从山石榴转换为杜鹃，与动植物物候密切相关。南方春天杜鹃花遍野怒放时，常伴随杜鹃的清澈啼声，唐代的学者已经注意到这种物候现象。出于这个缘故，“山石榴”逐渐被称为“杜鹃花”。杜鹃花这个名称无疑也因开放的时令而成。而古人对“鸟语花芳”这种现象的诠释，虽然离奇却不乏浪漫，且易为大众接受。《华阳国志·蜀志》等古籍记载，周代末年，蜀帝杜宇因亡国之痛，死后魂魄化作悲鸣的杜鹃鸟，也叫子规鸟、怨鸟。唐宋时期，更有学者浪漫想象杜鹃悲鸣，啼血化作杜鹃花。唐代诗人雍陶《闻杜鹃》称“高处已应闻滴血，山榴一夜几枝红”，将山石榴（杜鹃花）的红艳与杜鹃的悲鸣啼血相联系。南唐诗人成彦雄的《杜鹃花》更直接强化了这种观念，诗中写道：“杜鹃花与鸟，怨艳两何赊。疑是口中血，滴成枝上花。”宋代诗人更是肯定地认为杜鹃花“鲜红滴滴映霞明，尽是冤禽血染成”。为此，不仅杜鹃鸟有浓烈的悲情色彩，以至爱国诗人文天祥在南归无望时沉痛地吟下“从今别却江南路，化作啼鹃带血归”的千古绝唱，而且杜鹃花也因此有如烈士遗孤，让人充满爱怜。

杜鹃花上述颇富浪漫色彩的神话传说，在很大程度上生动反映出杜鹃花在四川分布的普遍，以及杜鹃鸟（即布谷鸟）开始鸣叫其开花这样一种现象。杜鹃花这一名称较早见于唐代诗人李白《宣城见杜鹃花》，诗中写道：“蜀国曾闻子规鸟，宣城还见杜鹃花。一叫一回肠一断，三春三月忆三巴。”可怜的诗人在鸟鸣花开的暮春三月，愁肠寸断地思念着故乡。其后，被贬江西九江庐山脚下的白居易更是直接在《山石榴寄元九》中写下：“九江三月杜鹃来，一声催得一枝开。”诗人浪漫地想象杜鹃的啼叫声，唤醒了沉睡的山花，在喧阗的春天中怒放。白居易还指出《庐山记》中的山石榴就是山踯躅、杜鹃花。他在《山石榴寄元九》序中写道：“山石榴，一名山踯躅，一名杜鹃花，杜鹃啼时花扑扑。”得益于著名诗人诗文强大的影响力，这类记述迅速流行和普及。

唐代名流种杜鹃

杜鹃花开时千林红紫、红艳盈野，很容易引发人们的关注。唐代孟琯在岭南为官时，对杜鹃花开时万山红遍、花红似火，留下刻骨铭心的印象。他写道：“南中花多红赤，亦彼之方色也，唯踯躅为胜。岭北时有，不如南之繁多也。山谷间悉生。二月发时，照耀如火。月余不歇。”[①] 从上述记述中可以看出，文中的踯躅即杜鹃花。中唐诗人李群玉对“山榴”（杜鹃花）的美艳同样感受深刻。他的《叹灵鹫寺山榴》写道：“水蝶岩蜂俱不知，露红凝艳数千枝。”在《山榴》诗中，面对山野绽放的众多杜鹃之壮丽，他不禁发出如下感慨：“洞中春气蒙笼暄，尚有红英千树繁。可怜夹水锦步障，羞数石家金谷园。”这里的“石家金谷园”指的是晋代富豪石崇兴建的名园。在诗人眼中，大自然中盛开的杜鹃花

① 李昉．太平广记：卷409［M］．北京：中华书局，1986：3321.

海，远胜于人造名园。北宋文学家元绛《映山红慢》也对杜鹃花不吝赞美，其词云："谷雨风前，占淑景，名花独秀，露国色仙姿，品流第一，春工成就。"也因此，宋代著名诗人杨万里在野外看到杜鹃花之花繁似火深有感慨。他的《杜鹃花》诗写道："何须名苑看春风，一路山花不负侬。日日锦江呈锦样，清溪倒照映山红。"鲜艳的映山红把锦江都映成红色了。

杜鹃花的娇艳之深入人心，也让它开始进入园亭。唐代风骚诗人白居易及其好友李绅都是较早栽培这种山花的驯花人。白居易被贬江西九江时，不仅兴建了庐山草堂，还在居所周边移栽山石榴，并用来寄赠自己的好友元稹。他的《山石榴寄元九》有这样的叙述："江城上佐闲无事，山下斫得厅前栽。……日射血珠将滴地，风翻火焰欲烧人。……花中此物似西施，芙蓉芍药皆嫫母。"这位爱花的诗人对上面的称道似乎意犹未尽，其《山石榴花十二韵》对映山红的美艳做了进一步的称颂，诗中写道："晔晔复煌煌，花中无比方。……千丛相向背，万朵互低昂。照灼连朱槛，玲珑映粉墙。风来添意态，日出助晶光。渐绽胭脂萼，犹含琴轸房。离披乱剪彩，斑驳未匀妆。绛焰灯千炷，红裙妓一行。此时逢国色，何处觅天香。恐合栽金阙，思将献玉皇。好差青鸟使，封作百花王。"一番夸张的赞美后，直接将杜鹃花封为百花王。甚至在调任到重庆后，这位诗人仍不忘将杜鹃带到新的住地。他的《喜山石榴花开·去年自庐山移来》吟道："忠州州里今日花，庐山山头去时树。"

当时，和白居易一样喜欢栽培杜鹃的达官贵人还有不少。白居易的好友李绅在任浙东观察使时，大兴土木修建别墅，还别出心裁地设立一处"杜鹃楼"栽培这种花。其《杜鹃楼》诗写道："杜鹃如火千房拆，丹槛低看晚景中。……惟有此花随越鸟，一声啼处满山红。"① 时任宰相李德裕同样钟爱杜鹃花，他在修建其著名的"平泉山居"别墅时，曾在全国各地引种了大量的奇花异卉，其中就有杜鹃和四时杜鹃。他还于836年兴致勃

满山红（马礼士杜鹃）

① 彭定求，沈三曾，杨中讷，等．全唐诗：卷481[M].北京：中华书局，1999：5964，5512.

勃写过《二芳丛赋并序》。其中写道，在他所居的精舍前，栽培有杜鹃和黄杜鹃（羊踯躅），“春晚敷荣，相错如锦”，使居所花团锦簇，风景宜人。当时不仅达官贵人喜欢栽培杜鹃，一些僧侣也同样在古刹名寺引种杜鹃。贞元年间（785—805）有个和尚将产于天台山的杜鹃带到润州（镇江）鹤林寺栽培，后来，鹤林寺杜鹃花一度驰名中外。

宋以后，杜鹃花广泛栽培于大江南北。无论是北宋西京洛阳，还是南宋都城，都有其芳踪，有些地方甚至将花树制作成工艺品形状。当时的《嘉泰会稽志》有如下记载:“杜鹃花……越人多植庭槛间，结缚为盘盂翔凤之状。”明代以降，江南园林不但常见栽培，品种也与日俱增。喜爱种花的高濂认为四川的品种最好，他说:“杜鹃花三种，有蜀中者佳，谓之川鹃，花内十数层，色红甚。”云南民间栽培杜鹃同样非常普遍。曾任云南参政的博物学家谢肇淛在其《滇略》中指出:“杜鹃……，花色有十数种，鲜丽殊甚，家家种之盆盎。”可见，杜鹃还被当作盆栽清玩。明末清初博物学者方以智的《物理小识》记载:“杜鹃花，即踯躅类。有大红、粉红、黄者，千叶可珍，喜阴，畏油烟。映山红有红白深浅，皆单叶，红者取汁可染。”从中可以看出杜鹃花有单瓣、重瓣和不同花色的多个品种。

杜鹃花的外传和内涵的扩展

近代西方人从海上东来与华通商后，各种观赏花卉很快吸引他们的注意，其中杜鹃花是他们尤其重视的一类。这类花适合温带栽培，故他们非常重视从中国引种杜鹃。值得指出的是，他们不仅收集杜鹃花（映山红），还尽一切可能收集今属杜鹃花属的大量其他种类，其中英国人尤为突出。

大约在 1808 年，中国的一种杜鹃就曾被引到英国，这种杜鹃可能就是中国早就栽培的映山红，其后的数十年中，又有一些种类的杜鹃，包括重瓣的品种，被引进英国。第一次鸦片战争后，英国伦敦园艺学会派出福乘（R. Fortune）来华收集花卉果木，曾特别要求他留心收集一些种类的杜鹃。刚到中国不久，他就在厦门发现丰富的杜鹃，并被深深地吸引。他指出英国很多人都非常羡慕奇斯威克植物园（园艺学会的植物园）中的杜鹃，认为这种花远远超出英国本土山上生长的那些花卉。

值得一提的是，1859 年，福乘曾从中国的浙江山区运回过云锦杜鹃（*Rhododendron fortunei*）。云锦杜鹃又叫天目杜鹃，花朵非常艳丽。为了对其引种业绩进行表彰，园艺学会植物学家林德赖特意将其名字作为云锦杜鹃学名的种加词。这种花开时，钟形的花朵外淡红、内黄绿，10 朵左右的花簇生枝头，艳丽有如云锦，并伴有淡淡的清香。云锦杜鹃被运回英国后很受欢迎，在杂交育种中作用巨大，被西方园艺学家认为“已证明对杜鹃栽培者具有难以估量的价值”。

后来，由英国来到中国的花卉引种者马礼士、威尔逊、福雷斯特（G. Forrest）、瓦德（F. K. Ward）、路德洛（F. Luollow）和谢里夫（G. Sherrifl）等都从中国收集过大量的杜鹃种类并寄回英国栽培。其中，福雷斯特从 1904 年开始，在中国的云南丽江设点雇当地人进行了近 30 年的收集，重点区域在滇西北、川西和藏东。这一带正是世界杜鹃花属植物现代分布和分化的中心，这个英国人从那里弄走了不下 200 种的杜鹃，著称的如朱红大杜鹃、腋花杜鹃、似血杜鹃、绵毛杜鹃、杂色杜鹃、卷叶杜鹃、灰背杜鹃等。甚至在他死在云南后，由他雇用的一些采集者还通过英国驻腾冲的领事馆，继续为他服务的机构收集杜鹃和报春等花卉。长期在青藏高原考察收集的瓦德发现西藏东南喜马拉雅山脉的多雄拉山口花卉极多，尤其是杜鹃，以至于称之为杜鹃的圣地（the Rhododendron Fairyland）①。

福雷斯特等人从中国引进的很有价值的杜鹃等花卉植物，给英国的园林带来了革命性的影响。上述人士的

① KINGDON-WARD F. Riddle of the Tsangpo Gorges［M］. London：Edward Arnold & Co., 1926：90.

引种，也使英国爱丁堡皇家植物园成为世界上研究杜鹃的中心和收种杜鹃最多的植物园。该园现有中国产的杜鹃 300 余种，有些种类据说已经不见于中国。西方人从中国引去的众多杜鹃经园艺学家的杂交培育，已出现众多的栽培种。杜鹃花的颜色从纯白到银粉、水红、大红，从乳黄、鹅黄到橘黄，从纯色、红边到斑点，花瓣从单瓣到重瓣，应有尽有，真是千姿百态，变化多端，令人目不暇接。而以杜鹃（映山红）为主要亲本选育出来的新品种，则成为圣诞节期间非常受欢迎的室内花卉。

如今，杜鹃已成为世界最著名的观赏花卉之一，品种有 8000 ～ 10000 个，在数量上仅次于月季和菊花。西方人常在一些园林中大片栽培杜鹃。据中国杜鹃花科

杂种红边杜鹃

植物专家冯国楣在英国的考察，英国没有一个庭园不种杜鹃。国家的、私人的花园栽培杜鹃不是一两亩，而是几公顷到十几公顷。美国一些地方也有类似的情况，如在华盛顿的美国国家树木园中，就栽有 70000 多株，在早春时节，万花竞放，十分壮观。

现代植物学研究表明，中国西南的藏东南、川西南和滇北的横断山区是杜鹃花属的发祥地和现代分布中心。杜鹃花属是一个庞大的家族，全世界有 900 种以上，中国有 540 多种。杜鹃分布的地域差别很大，植株的大小高低也很不相同。矮小如匍匐在藏东南石壁上的紫背杜鹃（*R. forrestii*）高不过数寸，伟岸如长于云南西部大树杜鹃（*R. giganteum*）高可达 25 米。杜鹃的花色丰富多彩，争奇斗艳，美不胜收，被誉为中国天然三大高山名花之一（另两类是龙胆花和报春花）。杜鹃花不但在西南种类繁多，在中国其他地方也普遍分布。它们常在山区成片生长，有些娇小玲珑，有些坚实壮硕，花色杂彩纷陈，在众多的花卉中首屈一指，有的娇艳欲滴，有的雍容华丽。每当春天来临时，盛开的杜鹃花，有时宛似花的海洋，它们也因此得“木本花卉之王”的美称。

✳ 喜兴鸡冠

唐宋时期渐出名

鸡冠花（*Celosia cristata*）是秋日各地公园和村落庭院中极为常见的一种草花。南宋艺术家宋伯仁的《秋花》诗有这样的吟诵:“凤儿花杂雁来红，更有鸡冠弄紫茸。”在百花园中，它不属于名贵种类，但适应性广，容易生长，是一种不错的美化环境花卉，在中国有悠久的栽培历史。

鸡冠花也称洗手花、波罗奢花、后庭花或玉树后庭花，原产中国西南，属苋科一年生草本花卉，秋天开花；花顶生，花多束而极密，成扁平肉质鸡冠状、卷冠状或羽毛状的穗状花序，有紫红、橙红、黄、白等多种颜色；性喜炎热、干燥和光照充足。它之得名，在于花形似鸡冠。北宋诗人梅尧臣咏鸡冠花的诗句曾感慨:“乃有秋花实，全如鸡帻丹。……取譬可无意，得名殊足观。”稍后，赵企《咏鸡冠花》中的摹写更为传神:“秋光及物眼犹迷，着叶婆娑拟碧鸡。精彩十分佯欲动，五更只

鸡冠花（郎世宁 / 绘）

欠一声啼。”十分形象地写出其得名缘故。

作为一种源于南方的花卉，鸡冠花在文献中出现较晚。南朝何逊的诗中曾写下“谁知北窗下，犹对后庭花”，不知这里的后庭花是否为鸡冠花。中国大约从唐代开始就将鸡冠花当作观赏植物栽培。唐代诗人罗邺

《鸡冠花》诗有："一枝秾艳对秋光，露滴风摇倚砌旁。"这里所述花的环境应该为庭院。五代的《花经》分别收录后庭花和鸡冠花[①]，很可能当时还有别的花也叫后庭花这个名称。

进入宋代，鸡冠花已是园林中常见观赏植物，有高矮不同、颜色形态各异的多个品种。北宋官员丘璿的《牡丹荣辱志》记载了黄鸡冠、红鸡冠和矮鸡冠。周师厚记述西京洛阳花木的《洛阳花木记》则有鸡冠花、矮鸡冠、黄鸡冠、白鸡冠和粉红鸡冠。记述东京开封风土人情的《东京梦华录》也有鸡冠花的记载。北宋文人学者的诗文也常见对鸡冠花的吟诵。王令的《白鸡冠花》诗写道："如飞如舞对瑶台，一顶春云若剪裁。"当时文学家孔平仲可能是一位鸡冠花的痴迷者，曾写下种花心得："我初种鸡冠，其小乃毫芒。曾未得几时，忽已过我长。"其《种花口号》诗提出："幽居装景要多般，带雨移花便得看。禁耐久长颜色好，绕阶更使种鸡冠。"他还特别提到栽金凤鸡冠（黄鸡冠），其诗云"蜀葵萱草陈根在，金凤鸡冠着地栽"。

南宋的笔记和方志也多有鸡冠花的记述。冒名苏轼的《格物粗谈》有它的记载[②]，罗愿的《尔雅翼·释草》也提到鸡冠花。当时的方志也不乏鸡冠花的记载。梁克

① 陶谷．清异录：卷上［M］// 宋元笔记小说大观．上海：上海古籍出版社，2007：41.

② 苏轼．格物粗谈：卷上［M］// 丛书集成初编．上海：商务印书馆．1935—1937：8.

黄鸡冠花

家的《三山志》记载："鸡冠，秋生，紫色，如绣画鸡冠之状。"鸡冠花也是当时江浙常见的花卉。南宋常州方志《咸淳毗陵志·土产》记载："鸡冠，佛书云'波

罗奢花’。”波罗奢花这个名称可能受外来佛教文化的影响，在宋代出现。南宋晚期农书《种艺必用》记述了鸡冠花栽培的技术[①]。

新品种不断涌现

宋以后，鸡冠花一直是园林中常见栽培的草花。明代著名园艺家王世懋在其《学圃杂疏·花疏》中认为：“秋葵、鸡冠、老少年、秋海棠皆点缀秋容草花之佳者。鸡冠须矮脚者，种砖石砌中，其状有掌片、球子、缨络，其色有紫、黄、白，无所不可。”它的栽培育种在明代受到某种程度的重视。《竹屿山房杂部·树畜部二》记有“鸡冠花：叶长，茎肥长，有止长一尺许者，苏子由谓为矮鸡冠；紫红花、肉红色、白色（有匾润者，有锐长者）。”表明当时又出现了一些不同花色的品种。高濂在其养生著作《遵生八笺·草花三品说》记述一种“二包鸡冠”，其特征是“一花中分紫白二色，同出一蒂”。同书《四时花纪》记载：“鸡冠花四种。鸡冠有扫帚鸡冠，有扇面鸡冠，有紫白同蒂，名二色鸡冠。扇面者，以矮为佳；帚样者，以高为趣。然下子时，撒高则高，撒低则低也。若三色鸡冠，一朵同蒂，色分紫、白、粉红，

① 吴怿．种艺必用［M］．胡道静，校注．北京：农业出版社，1963：45.

亦奇种也。俱收子种。”扫帚鸡冠、扇面鸡冠应该皆为扁平肉质鸡冠花。二色鸡冠、三色鸡冠都是新品种。

李时珍在《本草纲目·草部》中，对鸡冠花形态有更清晰的描述:“其叶青柔，颇似白苋菜而窄，梢有赤脉。其茎赤色，或圆或扁，有筋起。六七月稍间开花，有红、白、黄三色，其穗圆长而尖者，俨如青葙之穗，扁卷而平者，俨如雄鸡之冠，花大有围一二尺者，层层卷出，可爱。”文中所说花序如“青葙之穗”的为散枝鸡冠花。同一时期的农书《汝南圃史》也记载了一些新品种:“鸡冠花，佛书名波罗奢花，形高三五尺。叶似苋而尖，亦可食。其花扁而舒长，状类鸡冠，有紫、白、淡红三色，亦有红白相间者，就中又有如缨络者，各种形状不一。……又有矮鸡冠，种自金陵来，栽置阶下若侏儒然；一名寿星鸡冠。此花秋深与雁来红、十样锦争奇竞秀，极为圃中点缀。唯白鸡冠子主治妇人淋症，最验。”王象晋的《群芳谱·花谱》则收录了“鸳鸯鸡冠”:“又有一朵而紫黄各半，名鸳鸯鸡冠。”他认为，扇面鸡冠以矮的更好，帚样鸡冠以高的更佳。清晚期，郭柏苍的《闽产录异·花属》记有红、黄、白等不同红色的品种，还提到一种叫“矮髻”的品种。福建还有一串多冠的鸡冠花，叫“缨络”或“百鸟朝凤”。

文化上的意义

五代时，鸡冠花已经引起画家的兴趣，成为他们喜爱的绘画对象。五代画家黄居寀，北宋画家祁序、赵昌等都有鸡冠花图传世。有些画家的作品可能还很传神。田园诗人范成大《题张希贤纸本花四首鸡冠》:“号名极形似，摹写与真逼。聊以画滑稽，慰我秋园寂。”因鸡冠的冠字与官同音，后来鸡冠花更是被认为是一种吉祥的绘画题材。清代蒋廷锡所绘两枝鸡冠花，表达的就是“官上加官”这样一种士人企盼的寓意。鸡冠花这种寓意表达，一直到近代的一些海派画家笔下仍不乏呈现。

清蒋廷锡所绘两种鸡冠花，表达“官上加官”的寓意

有趣的是，这种平常小花不知什么时候与“玉树后庭花”扯上了关系。北宋诗人苏辙在后院种植鸡冠花后，忽生思古之幽情而大发感慨，其《寓居六咏·其五》写“大鸡如人立，小鸡三寸长。……后庭花草盛，怜汝计兴亡”，并自注“或云矮鸡冠[①]即玉树后庭花”。众所周知，陈朝灭亡后，陈后主写的《玉树后庭花》被视为亡国之音。唐代一众名流曾为此吟下了不少脍炙人口的名句。李白曾嘲：“天子龙沉景阳井，谁歌玉树后庭花。”刘禹锡也感叹：“万户千门成野草，只缘一曲后庭花。”杜牧的《泊秦淮》更是咏出千古名句：“商女不知亡国恨，隔江犹唱后庭花。”苏辙有上述吟咏，也是把后庭花当作与亡国相联系的花卉。很显然，这个别名在宋代似乎已经被学界认可。宋王灼《碧鸡漫志》载：“吴蜀鸡冠有一种小者，高不过五六尺（‘尺’一作‘寸’），或红，或浅红，或白，或浅白，世目曰后庭花。”[②]杨万里《宿化斜桥，见鸡冠花》诗中写道：“别有飞来矮人国，化成玉树后庭花。”让人费解的是，这种其貌不扬的矮鸡冠为何无辜担此“恶名”。难道仅仅因它常栽后庭？古代已经有人指出矮矬的鸡冠应与“玉树”无关。顺便提一下，南宋常州方志《咸淳毗陵志·草之属》，将苋科的雁来红说成“玉树后庭花”。

民间传统节日“七月半”也叫中元节，是祭祖、庆

①《历代诗话》卷 58：潜确类书云，一种名寿星鸡冠，即矮脚鸡冠，有红、白二色即后庭花也。

② 王灼．碧鸡漫志：卷 5［M］．上海：古典文学出版社，1957：92.

贺丰收的节日。宋人常用鸡冠花来供奉祖宗神灵。《枫窗小牍》有相关仪式记述："鸡冠花，汴中谓之'洗手花'。中元节则儿童唱卖，以供祖先。今来山中，此花满庭，有高及丈余者。每遥念坟墓，涕泪潸然。"[①]这说明它是中元节供奉祖先的一种花。《东京梦华录》也记载："中元节……又卖鸡冠花，谓之'洗手花'。"《梦粱录》中也有类似记载。似乎随中原士族的南迁，这种风俗也传到了南方。

清代，李渔在《闲情偶寄·鸡冠》对鸡冠花给予较高的评价，称它"指甲搔花碎紫雯，虽非异卉也芳芬"，还认为"花之肖形者尽多，如绣球、玉簪、金钱、蝴蝶、剪春罗之属，皆能酷似，然皆尘世中物也；能肖天上之形者，独有鸡冠花一种。氤氲其象，而叆叇其文。就上观之，俨然庆云一朵。"[②]他认为将它命名为鸡冠花被低看了，应该以"云"来命名才恰如其分。

鸡冠花也是一味传统的中药，唐代陈藏器《本草拾遗》就予以收录。它也可食用，《救荒本草》将它作为一种饥荒时的食用植物收录。它有较强的抗空气污染能力，容易栽培，适于城市街道和房前屋后观赏种植，现在是中国各地秋天常见景物，通常也用它布置花坛、花境，亦可用作切花。

① 袁褧．枫窗小牍：卷下［M］// 宋元笔记小说大观．上海：上海古籍出版社，2007：4777.

② 李渔．闲情偶寄［M］．上海：上海古籍出版社，2000：320.

✳ 多味之椒

如今，随生活水平不断提高，人们对美食的需求也愈发强烈，而美食的制作离不开香辣调味品。毫无疑问，对于众多“食货”而言，香辣也是开胃必需品。而这类味道的生成，让人马上联想起椒（花椒）、胡椒和番椒。从“椒”的外延之扩展，将“胡”和“番”的纳入，不仅能窥探古人对植物分类的功能性特点，还能了解他们对外来物种的命名方法，从中发现中国如今有众多的作物种质资源与古人非常注意引种有用植物来改善和丰富生活的态度密切相关。这突出反映了传统文化“利用厚生”和“有容乃大”的特色。

古老的香料——花椒

在中国人的餐桌上，三种“椒”中要数花椒（*Zanthoxylum bungeanum*，也叫秦椒或蜀椒）最为古老。它原产中国，是一种颇具地域特色的芳香调味佐料。其植株为落叶灌木或小乔木，用作调料的是果实。它富含挥发油和多种维生素，香味浓烈，味麻微涩，炒后更香。这种芸香科的芳香植物，喜光耐旱，适于温凉气候中生长，主要产于中国西部和中原地区。花椒最初只叫“椒”或“椴”。《尔雅·释木》记载：“椴，大椒。”东晋著名博物学家郭璞认为椴是果实大的花椒品种（当是后来的大红袍品种）。花椒这个名称大约是在唐宋时期出现的。中国利用花椒的历史非常悠久，早在2500多年前的《诗经·唐风》中就记有这种植物，湖北荆门包山遗址出土过战国时期的花椒。

花椒

花椒香味浓郁，耐贮藏，用作调料有提味、增鲜、去腥、除膻之功效；装入布袋放置在衣柜或米缸中可防止衣物和粮食遭虫蛀。花椒是深受古人喜爱的一种香料，被认为食用有利健康。东晋博物学家郭璞因此称道花椒："薰林烈薄，馞其芬辛，服之不已，洞见通神。"

古人不但将花椒用于调味，还将它作为辅料浸酒制作"椒浆"来祭神。战国时期，楚国诗人屈原在其《九歌》中提到"奠桂酒兮椒浆"以祭神；唐代诗人王维《椒园》诗中所谓"椒浆奠瑶席，欲下云中君"，叙述的就是这样一种古俗。不仅如此，花椒很早就被当作芳香理气药，用于散寒燥湿。花椒叶片也有强烈的香味，古代长江中下游地区的人们用它和茶叶一起煮，以增添香味。作为一种用途广泛的香料植物，花椒深受古人推崇，无怪乎《楚辞》中将它比作君子、贤人，将它与桂（玉桂）并列而称"椒桂"。花椒是中国最早栽培的香料植物之一，南北朝时期的《齐民要术》记有其详细的栽培技术。

花椒果实累累，红润飘香，古人很早就将它作为健康多子的象征。《诗经·唐风》"椒聊之实，蕃衍盈升"，是赞美妇人健康多子的著名诗句。古代皇后居住的宫殿常叫椒房、椒殿，妃嫔居住的宫殿叫椒风，除室内以椒和泥涂壁，使室内有温馨、芳香的感觉之外，同时寓多子之义。古人还用花椒粉布置道路，使道路芳香，这种路也因此被称作“椒涂”。曹植《洛神赋》所谓“践椒涂之郁烈，步蘅薄而流芳”，虽属艺术创作，但未必是向壁虚构。

在古代，花椒也是一种受欢迎的观赏植物，通常称为“丹椒”。曹植《七启》中有“紫兰丹椒，施和必节”。唐代诗人王维的别墅“辋川别业”不仅有“竹里馆”，还有“椒园”。清初《花镜》中收录的花木有椒（花椒）。现今北京鹫峰脚下的大觉寺仍可见到长得比较高大粗壮、供观赏的花椒树。西部地区的不少乡村，常见它被作为篱笆植物栽培。

据产地的不同，古人将花椒分为蜀椒和秦椒。产于西北天水陇西和关中地区等古代秦地的叫秦椒，产于四川绵竹武都山及重庆等原巴郡属地的称“蜀椒”或“川椒”。晋代左思的《蜀都赋》写道：“或丰绿荑，或蕃丹椒……芳追气邪，味蠲疠痟。”左思后两句描述的功用，虽不是指花椒一物，但四川产的花椒一直以“气味浓烈”称胜。花椒有大果和小果两类品种，大果称大红袍，小果称小红袍或黄金椒。陕西关中韩城的大红袍花椒非常有名，年产量也很可观，在3万吨以上，约占全国总产量的1/6。此外，青海贵德、甘肃陇南、四川汉源、河南林州等皆为中国著名花椒产区。

地理大发现的动力——胡椒

胡椒原产于中国毗邻的印度和东南亚地区，是一种著名的热带作物，大约在汉代张骞“凿空”西域后，经中亚传入中国。这种香料在中国的记载最早见于《后汉书·天竺传》。晋代的《广志》也提到“胡椒出西域”；稍后的《南方草物状》则记载胡椒“生南海诸国”。它之所以被称作胡椒，显然与它早期从“胡地”传入、形态及功用与花椒类似有关。

明代画家所绘胡椒

胡椒含胡椒碱和挥发油，气味芳香，辛辣而不烈，有很好的开胃温中特性，传入后，很快受到中国古人的广泛欢迎。到了唐代，胡椒已经是一种受到普遍欢迎的芳香调味品。《新修本草》说“俗中贵胡椒”。《酉阳杂俎》记载:“胡椒，出摩伽陁国，呼为昧履支，其苗蔓生，茎极柔弱，叶长寸半，有细条与叶齐，条上结子，两两相对，其叶晨开暮合，合则裹其子于叶中，形似汉椒（即花椒），至辛辣，六月采，今人作胡盘肉食皆用之。”说明这是当时广泛应用的芳香调味料。在宋代，这种香料更是受到国人的普遍欣赏，在宋人眼中，它不仅是优良的调味品，也是很好的保健药，人们认为它有“调五脏，止……心腹冷痛，壮肾气，……杀一切鱼肉鳖蕈毒”之功效。

胡椒在中国华南可能有较长的栽培史。《本草纲目》说:“滇南、海南诸地皆有之。……今遍中国食品，为日用之物也。”其被食用地域的广泛程度远超花椒。清初《广东新语》记载:“椒，苗蔓生，茎柔弱，叶长寸半。枝上结子相对，黑光如漆，谓之椒目。”这里记载蔓生的“椒”可能是胡椒。近年来，中国的胡椒生产发展较快。2024 年，仅海南省的栽培面积达 33 万亩，居世界的第六位，产量占世界总产量的近 1/20，约为 40000 吨，占全国总产量的 90% 以上。此外，雷州半岛、台湾和云南南部也有栽培。

胡椒是世界性的著名香料，也是推动近代地理大发现的主要动力之一，主要产于亚洲热带地区，此外南美洲的巴西等国也有相当可观的产量。亚洲、非洲和拉丁美洲的 40 多个国家有胡椒栽培，2021 年全球年产量近 80 万吨。其中，越南和巴西是产量最多的国家，他们也是世界上主要胡椒出口国。2022 年全球胡椒贸易量为 47.2 万吨。越南和巴西出口合计占全球的 60% 左右。另外，印尼、印度、斯里兰卡也是胡椒的主要生产国。[①]

来自美洲的作物——番椒

番椒即辣椒，原产中南美洲热带地区。辣椒在分类学上属茄科，按果实的形态和着生方式分为五个变种，即樱桃椒、圆锥椒、簇生椒、牛角椒和甜柿椒。辣椒的果实因果皮和胎座组织含有辣椒素（$C_{18}H_{27}NO_3$）而有辣味，和花椒、胡椒一样，有很好的促进食欲的作用，但也有仅含微量或不含辣味素的甜椒（也叫灯笼椒、柿子椒）。它们是我们日常生活中多种维生素的重要来源，其维生素 C 的含量在蔬菜中位列前茅。

① 任慧 . 农业贸易百问：知否？传奇胡椒的前世今生[J]. 世界农业，2024（4）：126-127.

辣椒

15 世纪末，哥伦布没能航行到印度而航行到美洲，没有带回胡椒却带回辣椒。其后辣椒又从欧洲传到其他地方。在明代晚期（16 世纪末）时，辣椒开始传入中国。其最早见于高濂的《遵生八笺》（1591），书中称之为“番椒”。很显然，和许多近代从美洲输入的植物一样，它的名字在中国东南沿海被冠以“番”字，因而被叫作番椒。之所以被称作“椒”，在很大程度上是因为它有辣味，被用作胡椒的替代品。在四川等地辣椒则被称作辣子、辣茄、辣虎。辣椒有很好的祛寒开胃作用，很快成为中国各地尤其是西部和华中地区人民普遍喜爱的调味品和蔬菜。清代康熙年间出版的《花镜》一书写道:“番椒，一名海疯藤，俗名辣茄。……其味最辣，人多采用，研极细，冬月取以代胡椒。”乾隆年间刊行的农书《授时通考》(1742)的蔬菜部分也收录了这种植物。一些著名的品种，如朝天椒已经传入。同一时期，著名小说《红楼梦》的人物中出现“辣子”(王熙凤)的绰号，可能与这种食物的广泛食用有关。清前期，广西、贵州等西部一些少数民族地区甚至用它代盐调味。

辣椒容易栽培而且高产，传入后不久就被当作重要的香辛蔬菜在全国普遍栽培。吴其濬在《植物名实图考》(1848)一书中已经记载此种蔬菜是“处处有之”。辣椒在华中、西北和西南的一些省份，如江西、湖南、湖北、四川、云南、贵州、陕西及甘肃辣椒尤其受欢迎，这些地方的人们大有每餐不可无此物之感，因之栽培极多。

值得一提的是，长江流域的江西、湖南和四川数省民众都以嗜吃辣椒著称。俗话说江西人称“不怕辣”，四川人称“辣不怕”，湖南人称“怕不辣”。湖南甚至因为盛行吃辣椒，“湘妹子”也多了一个“辣妹子”的别称。这种情况的产生可能与清初的人口大迁移有关。众所周知，清初的时候，战乱导致四川人口急剧减少，而江西则存在着较严重的人多地少的问题，因此产生了“江西填湖广，湖广填四川”这种大规模的人口流动，吃辣椒的习惯也就这样传播开了。至于云贵和陕甘数省民众嗜食辣椒是否为四川的“扩张”，则有待于进一步的探讨。

中国是全球最大的辣椒生产国和消费国，辣椒的总产量皆居世界之首，年产量2000多万吨，且各种类型的栽培品种繁多。其中以云南思茅等地产的一种涮辣椒（小米椒）最辣。不辣的甜柿椒传入中国最晚，至今只有100多年的历史。中国现在生产的辣椒除满足国内消费外，还出口辣椒制品。但产品还是以内销为主，出口量仅占世界出口量的8%左右。在国外，印度、美国等地区都是辣椒的著名产地，印度还是辣椒的主要输出国之一。

特别值得一提的是，辣椒传到四川后与当地产的花椒相结合，产生了典型的川味——“麻辣”。如今，川菜在全国无疑是最具影响力的菜系之一，其具麻辣特色的火锅、麻辣烫、麻婆豆腐、水煮鱼、夫妻肺片等都广受全国各地民众的热烈欢迎。这种风味的出现，极大地丰富了各地民众舌尖上的享受。

辣椒食用的方法多种多样，没有成熟的嫩果可去籽油炒或盐腌作为菜肴食用，成熟后的果实可用来凉拌盐腌，也可加工成辣椒油、辣椒酱和辣椒粉当调味品。辣椒不仅是中国普遍栽培的作物，也是一种当今世界很受欢迎的作物，在温带和热带地区被大规模栽培。从北非经阿拉伯、中亚至东南亚各国和中国西南、西北、华中是世界有名的“辣带”。辣椒的驯化，被认为是其原产地对世界调味品最重要的贡献。

辣椒植株叶绿果红，非常美观，从传入中国之日起就被当作观赏植物。无论是明末高濂的《遵生八笺》和《草花谱》，还是清初的园林专著《花镜》都将它作为观赏植物记述。《遵生八笺》是这样记述辣椒的：“番椒，丛生，白花，子俨秃笔头，味辣，色红，甚可观。子种。”这里记载的似是圆锥椒。不过，后世作为观赏栽培的主要是樱桃椒，或叫五彩樱桃椒。这个变种各地都有，其果自花落至成熟能随时转色，故在一株上，青、白、黄、紫、赤等果同时存在，所以有“五彩”之名。在上海等地通常还栽培一种小“朝天椒”，它的果实细瘦、端尖、簇生，向上生长，颜色有黄有红，同样很好看。近年来，除上述两种小辣椒被人们作为观赏植物栽培外，还有其他一些果实大型的种类，甚至甜柿椒也被培育成非常美丽的观赏植物。随时间的推移，观赏栽培的品种不断增多，目前著称的栽培种有樱桃椒、枣形椒、七姐妹椒、小米粒椒、黑色指天椒、黄线椒、蛇形椒、风铃椒，以及红太阳、贵宾橙色、黄金、白雪紫玉、紫宝石等彩椒。

中国古人不仅自己驯化了香料植物花椒，还成功地引种了香味更足、更开胃的胡椒和辣椒，同时用辣椒改进自己的饮食风味。引进物种使我们在调味料乃至环境美化植物时有更多的选择，而前人创造性的综合调味，无疑极大地丰富了国人饮食风味的多样性，带来了更多美味享受。

⁕ 中药西洋参

杜德美对人参产地的调查

西洋参（*Panax quinquefolius*）通常也叫美洲人参，原产于北美的加拿大和美国等地，后来被西方人开发，作为药物卖给中国。产于美国的又被称花旗参，是当前中医常用的一味补益药。它成为中药“百草园”中的一员，还有一段非常有趣的历史。

众所周知，人参（*Panax ginseng*）是中国传统的一种非常著名的补益药物，因根的形状像人而得名，很早就被国人使用。西汉史游《急就篇》提到的多种药物中就包括“参”。中国最早的本草学著作《神农本草经》也收录了这种药物，将它列为“上品”药，说它“主补五脏，安精神，定魂魄，止惊悸，除邪气，明目，开心益智。久服轻身延年。一名人衔，一名鬼盖。”古人认为它有扶正固本和很好的强身健体作用。它也是中国人心目中最名贵的药物，甚至它的采集都有许多繁琐的仪式和特别的讲究。

人参在中国人日常的养生和疗疾中的重要性，很快引起了近代来华西方人对这种带有神秘色彩的植物的强烈兴趣和重视。他们很快投入精力对它进行考察和研究。虽然西方人没有因此栽培人参，但却直接导致他们对美洲人参属植物洋参的发现，由此增加了一味名贵的中药。

宋代《绍兴本草》中的人参图

事情还得从18世纪初说起。1701年，有个叫杜德美（Pierre Jartoux）的法国传教士来华。在华期间，他根据中国许多药学书籍有关人参功效的记载和自己的亲身体验，发现人参确实是一种对提高身体机能非常有效的药物。另外，他发现把人参叶子当茶泡着喝的味道也很好。于是在1708年的时候，他利用受命绘制地图去东北进行地理测量的机会，调查了中国名贵药材人参的产地，并于1711年4月12日给印度和中国传教会的会长写了一封详细介绍人参的信。在信中他提到，在

1709年7月的时候，他到了一个距高丽（朝鲜）很近的村子里，见到当地人采集的人参。他从中拿出一棵人参，依原来的大小尽可能地画下了它的形状，并把图寄给了收信人，同时还附上人参产地、形状、生长状况

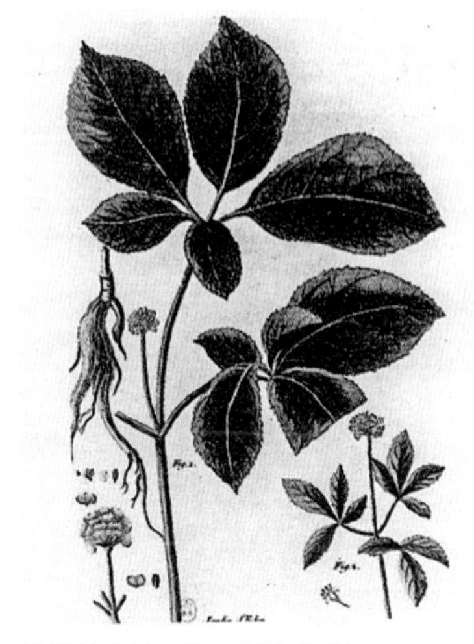

根据杜德美人参画制作的版画

及如何采集的详细说明。他还特意指出，人参产地“大致可以说位于北纬39°～47°，东经10°～20°（以北京子午线为基准）。……这一切使我认为，若世界上还有某个国家生长此种植物，这个国家恐怕是加拿大。因为据在那里生活过的人们所述，那里的森林、山脉与此地的颇为相似”①。应该说这个法国传教士具有比较扎实的植物地理学基础，脑子灵活而有见识。根据中国生物学家的调查，野生人参的自然分布在北纬40°～48°之间，这说明杜德美的表述大体上是准确的。

① 杜赫德．耶稣会士中国书简集：中国回忆录（Ⅱ）[M]．郑德弟，朱静，吕一民，译．郑州：大象出版社，2001：50-56.

美洲西洋参的发现

杜德美的信件送回去后，不久在欧洲发表和传播开来。约于 1715 年 10 月，在加拿大魁北克布道的另一法国耶稣会传教士人种学家、博物学家拉菲托（Joseph-Françis Lafitau）看到了杜德美的信件。在杜德美的启发下，他开始在加拿大寻找人参。不久在当地印第安人的帮助下，在一位印第安妇女的房子旁发现一株西洋参，他还从她那里了解到当地人用它治疗发烧。他将此植物称为“加拿大的奥雷利亚娜（Aureliana Canadensis）”，即中国的人参（Gin-seng），北美印第安易洛魁部族的假人托昆（Garent-oguen，意为像人的）。随后通过市场调查，他很快发现在加拿大圣劳伦斯河畔的森林分布有西洋参。1718 年，他在巴黎发表了《有关在加拿大发现中国东北珍贵植物人参……札记》（*Mémoire...Concernant la Précieuse Plante du Gin-seng de Tartarie，Découverte en Canada*）[①]。后来进一步调查发现这种植物在北美洲五大湖区一带非常之多，其自然分布区在北纬 30° ～ 48° 之间[②]。

① FENTON W N. Joseph-Françis Lafitau［C］. Dictionary of Canadian Biography, vol. 3. University of Toronto/Université Laval, 1974.

② 赵永华 . 西洋参：药用动植物种养加工技术［M］. 北京：中国中医药出版社，2001 : 2.

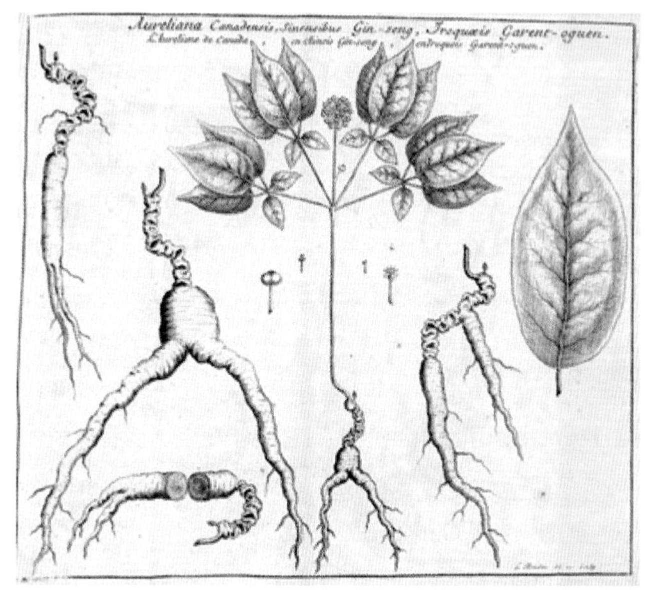

拉菲托所绘西洋参图

不过，当时这种植物被送回法国的时候，经过化验，人们并不认为它有什么营养作用。头脑灵活的法国商人马上想到以美洲人参的名义运到广州，向中国出口。至迟到 1750 年，法国人已将数量不小的加拿大产的西洋参运来向中国出口。虽然两种人参的形态可以泾渭分明地区别开来，但这种“人参”还是很快为中国民众接受。乾隆年间的医生吴仪洛在他 1757 年刊行的《本草从新》一书中记载：“西洋人参，苦，寒，味甘，补肺降火，

生津液，除烦倦。虚而有火者相宜。出大西洋佛兰西。”他还注释到：“形似辽东糙人参，煎之不香，市中伪人参者皆此种所造，最难辨认。”[①] 书中已经对西洋参的药性、气味、功能、形态和产地乃至和人参的差别进行了记述。文中的“佛兰西”即“France”（法国）当时的音译。其后赵学敏的《本草纲目拾遗》中直接称“西洋参”。书中引《药性论》称：“洋参似辽参之白皮泡丁，味类人参，惟性寒。”从现代分类来说，西洋参和人参同属“人参属”（*Panax*）植物。从植株形态来说，人参的花柄更长。从根的质地而言，人参更加坚实，西洋参比较空虚，所以吴仪洛说它像“糙人参”。从中医认为的药性而言，人参性温，属于热补型的药物；而西洋参“性寒”，属于凉补型的药物。

西洋参的引种驯化

从 18 世纪开始，中国一直花费大量的外汇进口西洋参，清末开始有人考虑引种这种药用植物。1906 年，有个福州人成功地在当地种植了西洋参，不过当时没有开始商品栽培。后来在 20 世纪 40 年代的时候，庐山植物园的陈封怀等又从加拿大将西洋参成功地引种到庐

① 吴仪洛 . 本草从新 · 卷一上 [M] . 北京：人民卫生出版社，1990：5.

山，但受限于科研经费不足和鼠害未能使之推广。直到 1975 年，中国再次从北美洲引种，数年后，逐渐获得大面积栽培成功。[①] 后来在东北、西北和华北等地都有较大面积的栽培。20 世纪末，西洋参总栽培面积达 6000 亩，其中以北京怀柔栽培最多，栽培面积为 2500 多亩。虽然中国西洋参栽培已有一定的规模，年产量也在 10 万公斤以上，但仅占国内需求量的 10% 多一点，每年仍然还要从美国和加拿大进口大量的西洋参。后来随产量的增多，进口量减少。据统计，2019 年中国西洋参进口超过 1500 吨，金额为 5685.48 万美元。

法国传教士灵活应用植物地理学知识，成功在北美森林中发现西洋参。有趣的是，它没有成为一种法国人认可的药用植物，反而成为中药百草园中的重要一员，只有华人认可它的保健功能。这个过程非常有意思，不知是否与中药带有自己明显的文化属性有关。

① 余天莽，余椿生．西洋参［J］．食品与药品，2006，8（2）：74-76.

※ 葛功演变

葛（*Pueraria montana* var. *lobate*）是一种常见的藤本植物，一些地方直接称之为“葛藤”。它生命力顽强，分布广泛，除西部的高原和荒漠之外，国内其他地方皆可见其踪迹。其植株、叶片和花朵与其他同属豆科的栽培豆类很像。它的藤蔓长、纤维质量好，很早就被古人栽培，当作织布和造纸的原料，而膨大的块根则被当作食物和药物。现今葛虽已从纤维植物中退出，仅少数地区栽培块根作为蔬菜和药物，但其作为用途较广的资源植物历史值得记取，或许能为以后的开发提供借鉴。

葛

古老的纺织原料

作为一种纤维植物，葛在长江流域下游和岭南地区都有极为悠久的开发利用史。距今 6000 多年前的江苏苏州草鞋山遗址曾出土过可能为野生葛纺的布料。在中国早期的文献《诗经》中，多处提到这种植物。《诗经·王风·采葛》中提到采葛。《诗经·周南·葛覃》不仅记述了葛这种植物的生态和形态，还记述它作为纤维植物，通过加工可织出称为“絺绤”（chīxì）的布。战国时期，《荀子·富国》记载，麻、葛、茧丝，都是当时主要的纺织原料。《周书》记载，当时底层人们用葛的嫩叶做羹汤，上层人物用其纤维制作絺绤，用来做夏天衣服的原料。这也是东汉《说文解字》中直接称葛为“絺绤草”的原因。三国时期的《吴普本草》将葛归为麻类。宋代解释名物的著作《埤雅》也称“葛性柔韧，蔓生可衣”。很显然，这是古人常用的纤维植物。

草鞋山遗址出土的葛布

葛在古人生活中占有重要地位。《周礼》中提到周代有“掌葛”的官职，职责为“掌以时征絺绤之材”。可见葛作为纤维植物受重视的程度。《礼记·月令》记载，入夏的时候，“天子始絺”，也就是说周天子穿细葛布制成的衣服。不难看出，细葛布是高级衣料。《尚书·禹贡》提到，山东一带和南方一些地方的贡赋都包括葛布。

上述草鞋山遗址的考古发现表明，就南方吴越地区而言，葛布向来是重要的衣着原材料。古代越人对葛布有这样的称颂：“葛之蔓兮舒长条，为絺为绤纤且调，当暑是服轻飘飘。”[①] 在江浙地区，人们把高质量的葛布当作贡品或礼品，历史悠久。春秋时期，战败的越王勾践为了逢迎和麻痹吴王夫差，曾给他进贡了大批的葛布。《越绝书》有如下记述：“葛山者，勾践罢吴，种葛，使越女织治葛布，献于吴王夫差。去县七里。”根据这则史料，葛作为纤维植物栽培，至少有2500多年的历史。《吴越春秋》也提到，勾践为取悦吴王，麻痹敌人，让越国的妇女织葛布上贡。他“使国中男女入山采葛，以作黄丝之布”，最终越王“索葛布十万”，数量之大，使得越国妇女无法稍微懈怠。当时流传的《采葛妇诗》云：“（越王）令我采葛以作丝，饥不遑食四体疲。女工织兮

① 施宿，张淏．会稽二志点校［M］．李能成，点校．合肥：安徽文艺出版社，2012：343.

不敢迟，弱于罗兮轻霏霏。”[1] 生动地描绘出当时妇女为制葛疲于奔命的境地。

进入汉代以后，葛仍属一种较重要的纤维植物，尤其在南方。当时著名的“越布”就称“越葛”，东汉时尚列为贡品。据《后汉书・皇后纪》记载，当时朝廷还用“葛布”作为赏赐大臣的礼物。当时长江下游地区的葛布，颜色洁白、质地轻盈，质量之高，不逊丝绸。曹丕《说诸物》指出，江东葛纤维绩纱制成的葛衣，“白如雪华，轻譬蝉翼”。与吴越地区类似，岭南地区产的葛布也被当作贵重礼物。《三国志》记载，交趾太守士燮，常派人给孙权送礼，“致杂香细葛，辄以千数”。左思《吴都赋》称当地穿着苎麻和葛布衣服的人很多。

到了唐代，岭南的葛织夏布仍属贡品。中唐诗人鲍溶《采葛行》称:“葛丝茸茸春雪体，深涧择泉清处洗。殷勤十指蚕吐丝，当窗袅袅声高机。织成一尺无一两，供进天子五月衣。”随后，宋代各地的方志也多有产葛布的记载，如《太平寰宇记・江南西道》记载，南昌、江州（江西九江）土产都有“葛布”。福州地方志《淳熙三山志・物产》记载:“葛，可缉为布，长溪等县有之。”

明清时期，虽然棉花已经是国内大规模栽培的纤维作物，但葛依然在纤维植物中占有一席之地，长江中下游地区和福建都产葛布。徐光启《农政全书》细致地记

① 赵晔．吴越春秋：卷5［M］// 丛书集成初编．北京：中华书局，1985：169-171.

述了葛布的纤维采制技术。清末湖南方志《靖州乡土志》（1908）这样记述制葛："取葛藤和稻草灰入锅煮透，洗去皮骨晒干，分细成丝，绩长，用纺车揽紧织布。"[①]

当时两湖地区一些地方，如黄陂、武汉的葛织物质量都很高。明代诗人陶允宜《黄陂葛》诗写道："楚人种葛不种麻，男采女绩争纷拿，皎如白纻轻如纱，进之内宫传相夸。"清代《武昌县志·风俗》记载："马二里人善织葛布。"同书《物产》篇记载："有葛布，出马二里者名马二贡葛。极细者名'女儿葛'。取葛藤，用针擘破如丝，长数丈，惟女儿目瞭，始能治之，颇不易得。马二里有溪水浣之，色尤佳也。"

如前所述，岭南生产葛布历史悠久，明清时期仍是葛布的重要产区。那里制作工艺精良，葛布质量声名远扬。清初屈大均的《广东新语·货语》对广东的葛布做了生动的记述。他认为："粤之葛，以增城女葛为上，然恒不鬻于市。彼中女子终岁乃成一匹，以衣其夫而已。其重三四两者，未字少女乃能织，已字则不能，故名'女儿葛'。所谓北有姑绒，南有女葛也。"其葛"丝缕以针不以手，细入毫芒，视若无有，卷其一端，可以出入笔管，以银条纱衬之，霏微荡漾，有如蜩蝉之翼。……惟雷葛之精者，百钱一尺，细滑而坚，颜色若象血牙。名锦囊葛者，裁以为袍直裰，称大雅矣。故今雷葛盛行天

① 金蓉镜．靖州乡土志：卷4［M］．台北：成文出版社，1975：364．

下。”广东产葛的地方很多，雷葛为正葛；博罗产的称善政葛；潮阳出产的称凤葛。以丝为纬织成的布，亦名黄丝布。出琼山、澄迈、临高、乐会等地的，轻而细，叫美人葛；出阳春的叫春葛。但皆不及龙江葛茁实。当时广西的葛布也不乏质量上乘者。《广西通志·物产》记载，贵县、宾州产质量好的葛布。

博学多才、宦迹半天下的吴其濬非常注意各地的重要物产，对葛的产地也多有考察。他指出，河南、河北、江西、湖广都产葛。葛有栽培的，也有野生的，而葛布多杂蕉丝，乍看鲜亮悦目，入水变色，质亦脆薄。用纯葛丝则韧而耐久沾汗不污。……会昌、安远有以湖丝配入者，谓之丝葛。现在有人认为，用葛丝生产的地毯、壁毯及麻绢等产品，可与蚕丝织的相媲美。①

葛布轻薄白洁，古人常用来做头巾。《博物志·服饰考》记载：“汉中兴，士人皆冠葛巾。”《洛阳伽蓝记·城东》记载有名士的衣着：“麻衣葛巾，有逸民之操。”而宋代著名隐士魏野则常身着“葛巾布袍”。可见，葛巾是一般读书人常戴的头饰。在古代，只有有身份的官吏可以穿细葛布，普通百姓只能穿用粗葛布。在古代，葛的纤维除用于纺织外，还用于造纸。用葛纤维制造的纸张，叫葛纸。葛作为一种重要的纤维植物，在传统文化上也留下了重要烙印。南北朝时期，有诗人吟出“黄

① 毛富春，赵伯善．野生植物葛藤的研究利用现状及其开发前景[J]．西北林学院学报，1995，10（3）：88-92.

葛牛烂熳，谁能断葛根”，用以形容情思缕缕，绵绵不绝。而“瓜葛”“纠葛”等表示纠结、纠缠等意思的词汇，也是非常具象的反映。

葛根的食用价值

葛根，汉代本草书中也称之为“鸡齐”。它富含淀粉，是不错的食物。鲜葛根淀粉含量为 20% ～ 35%，很早就被古人采食或制成葛粉，或切成葛片糖渍食用。晋代诗人左思《吴都赋》提到“食葛香茅”，可见食用葛根的历史悠久。南北朝时期，陶弘景写道:“葛根，人皆蒸食之。当取入土深大者，破而日干之。南康庐陵间最胜，多肉而少筋。”说明当时江西的赣南和吉安等地产的葛根已以质量好著称。《周书 · 李迁哲传》记载，西魏将领李迁哲（510—574）收复信州（今重庆和四川东部一带）时，因“信州先无仓储，军粮匮乏。迁哲乃收葛根造粉，兼米以给之”。可见，用葛根代粮食食用是当时常见的情形。

宋代，葛根不仅被广泛食用，人们也常用葛根粉制作小吃。《太平寰宇记 · 江南西道》记载宜春贡葛。同书记载，当时的越州（浙江）、剑南（四川）、山南（陕甘地区）土产都有“葛根”。同一时期,《图经本草》（又名《本草图经》）附有颇为准确的“海州葛根”图。书中对葛的形态特征、用途都有较为细致的记述。编者写道:“葛根……今人多以作粉食之，甚益人。下品有葛粉条，即谓此也。”书中记载江浙一带产葛很多，葛粉可用于做粉条食用。可能当时葛根粉的食用方法已经比较多。宋代学者寇宗奭则记述葛粉的提取和食用方法:“澧、鼎之间，冬月取生葛，以水中揉出粉，澄成垛，先煎汤使沸，后擘成块下汤中，良久，色如胶，其体甚韧，以蜜汤中拌食之。擦少生姜尤佳。”这里制作的产品似乎有如现在的凉粉。

明代《本草品汇精要》葛根图

葛根也常被南方一些山区的民众充作杂粮。《宋史·五行志》《新安志·蔬茹》等书记载，遇到饥荒的时候，一些地方的百姓常用葛粉当粮食。罗愿《尔雅翼·释草》记载："今之食葛，非为絺绤者也。其生延蔓，甚者其蔓首至根可二十步，人皆掘食之。生食甜脆，亦可蒸食，有粉。今江南人凶岁则掘取以御凶荒。大抵南康庐陵者最胜，多肉而少筋、甘美，然当取入土深大者。……其花藤皆可醒酒而去酒毒。"这里的"食葛"不同于用纤维织布的品种，它是一个块根可当水果食用的栽培品种。南宋常州方志《咸淳毗陵志·土产·果之属》记载，当地葛根粗如手臂，食用可以止渴。明初《救荒本草·草部》也记载了葛根和葛花的食用方法。其后，农学家徐光启记载葛根粉可用来治疗虫蛇咬伤，或当杂粮食用。明末《通雅·植物》进一步指出，两湖、两广的人民"采葛根作粉食，葛粉还能醒酒"。《广东新语·食语》记载，用蕨根（茎）、葛根、菱、茨菰（慈姑）、甘薯制作淀粉食用，都叫"䬥（音以）食"。上述史料表明，在古代葛根也是制作淀粉的重要原料。

明代李时珍的《本草纲目》对葛的功用和形态做了比较全面的记述："葛有野生，有家种。其蔓延长，取治可作絺绤。其根外紫内白，长者七八尺。其叶有三尖如枫叶而长，面青背淡。其花成穗，累累相缀，红紫色。其荚如小黄豆荚，亦有毛，其子绿色，扁扁如盐梅子核。”[①] 葛根在南方一些地区还被当作水果食用。清乾隆时期《福建通志·物产》记载建宁产的水果包括“鲜葛”。吴其濬记载:“赣南以根为果,曰葛瓜,宴客必设之。”

葛的其他用途

葛根不仅很早就被食用,而且是重要的中药。《神农本草经》记载,葛根可以治疗消渴,有清热解毒等功效。中医用它治疗头痛发热和脏腑积热。葛花可以当蔬菜,还可用于醒酒。葛的藤叶可用作牲畜饲料,藤可用于制作绳索。清乾隆时期《陕西通志·物产》记载,陕西一些地方“葛,诸山之产最多,民以牧畜、绞索、供爨”。现今还常将其作为治疗心血管疾病的药物。其中,葛根素有多种剂型,还有葛根素浸膏粉等。

葛花紫色成串,颇有可观,古人还把它当作景观植物栽培。《洛阳伽蓝记》记载司农张伦造园于阳山,“高林巨树,足使日月蔽亏;悬葛垂萝,能令风烟出入”。宋代李格非《洛阳名园记》记载“水北胡氏园”:“有庵在松桧藤葛之中,辟旁牖则台之所见,亦毕陈于前。”[②]

① 李时珍.本草纲目:卷18[M].北京:人民卫生出版社,1978:1276.

② 陈植,张公弛.中国历代名园记选注[M].合肥:安徽科学技术出版社,1983:50.

《红楼梦》大观园中的“蘅芜苑”中，栽培许多藤本植物，“或有牵藤的，或有引蔓的，或垂山岭，或穿石脚，甚至垂檐绕柱，萦砌盘阶，或如翠带飘摇”，其中包括“清葛”。园中还有一处景观称作“浣葛山庄”（稻香村）。清代的《徐园秋花谱》（1682）对葛花有如此描述：“葛花，累累相缀，予往见唯粉红及紫红色，今与屏上青花掩映，有疑若丹砂者，有滟若镕金者，有殷若珊瑚者，有鲜若猩血者，红艳四射，眩目动魂。”以上充分说明这是一种不错的观赏植物。葛根系发达，植株生长快而且能覆盖大面积地块，古人已经认识到这是一种很好的护坡固土植物。《埤雅·释草》记载：“河浒为水所荡，危地也，然润泽葛藟而生之，则亦所以自固。”历史上西部一些地区常栽培此种植物以固土护坡。19世纪末，曾有人将葛引入法国巴黎栽培[①]。

葛虽然用途广泛，但一直不是主要栽培植物。如前所述，江浙一带早有种植，北方记载栽培也不晚。曹植《种葛篇》诗云：“种葛南山下，葛藟自成阴。”不过，其在后世的发展规模似乎不如苎、麻和棉，主要原因可能在于其纺织过于费工，即《诗经·周南·葛覃》毛传所谓“葛所以为絺绤，女功之事烦辱者”。后来随棉花等高产纤维植物的兴起，葛作为纺织纤维的地位更是江河日下。清代著名学者吴其濬对葛难于发展有如下分

① BRETSCHNEIDER E. History of European Botanical Discoveries in China, Vol. II. [M]. London: Sampson Low and Marston, 1898: 1051.

析:“葛者，上古之衣也，质重不易轻，吴蚕盛，而重者贱矣。质韧不易柔，木棉兴，而韧者贱矣。质黄不易白，苧（苎）麻繁，而黄者贱矣。乃治葛者与丝争轻，与棉争软，与葛争洁，一匹之功，十倍于丝与棉、与苎，其直则倍于丝，五倍于棉与苎。于是治葛者能事毕而技尽矣，而受治者亦力尽矣。”指出单方面的质量不如其他纤维，而且费工，是阻碍葛作为纤维植物大规模发展的原因。这位学者的分析可谓鞭辟入里。

另一方面，葛根作为蔬菜，在口感方面不如薯蓣，作为淀粉作物产量又不如甘薯、马铃薯。这或许是它的发展受到明显局限的另一原因。

如今，葛在中国江南地区仍有一些栽培，主要收获葛根作为食物，很少被当作纤维植物。广西玉林、贵港、梧州和江西横峰、余江等地有较大面积的种植。据说前些年广西的栽培面积达到6666.7公顷，产量达20万吨。江西的栽培面积为5300公顷，每2年的产量为30～60吨每公顷。另外，广东肇庆高要也是重要的栽培地，当地有大叶粉葛（*Pueraria montana* var. *thomsonii*）、细叶粉葛和柴葛数个品种。通常用葛根生产葛粉、葛茶、葛片等产品，但对其纤维的开发利用和利用葛藤、葛渣生产饲料来实现更大的经济效益的研究较少。实际上，葛藤、葛渣含有丰富的营养物质，是很好的饲料。

综上所言，葛虽是历史上长期被各地利用的纤维植物，但一直是小众作物，对它的栽培育种研究很少，缺乏优良纤维品种，以至于作为一种传统工艺的“制葛”是否仍然存在，值得怀疑。食用的粉葛品种也很少，对它的合理开发利用，以及培育优良品种方面的研究至今仍然非常薄弱。现在各地主要将葛当作蔬菜、保健品和药物，栽培品种不多。葛的野生种块根依然是重要的药物，不过，在强调保护生物多样性和生态环境的今天，这种生长迅速、能很快覆被地表而具良好保持水土能力的藤本植物，显然很适宜在荒滩和有石漠化倾向地区广泛种植。与此同时，在人们日益关心身体健康的今天，葛根除含有丰富的优质淀粉外，还含有多种氨基酸和人体必需的矿物质，称得上是一种营养价值很高的绿色食品。此外，它还含有能促进表皮细胞生长、使伤口能迅速愈合的尿囊素，可提取作为化妆品的特效添加剂。同时，葛根含有丰富的异黄酮，对降低血压、减慢心率、扩张血管、改善微循环、抑制动脉硬化等有重要作用，用它开发的中成药包括“愈风宁心片”“心血宁片”“葛根芩连片”等。可见，如能加大育种力度，同时提升相关的开发技术水平，对更有效地综合利用这种经济植物，应该会有广阔的前景。

✻ 清甜罗汉果

早期的记载

特产于中国广西桂林等地的罗汉果（*Siraitia grosvenorii*）是一种著名保健饮品原材料。罗汉果外形光滑而与猕猴桃形状相似，用它来泡水当饮料，不仅清

罗汉果

甜可口，而且有良好的清热润肺功效，深受大众的喜爱。罗汉果是广西壮族自治区特色经济作物，属葫芦科藤本植物，主产于广西的永福、临桂和融安，广东、江西、湖南、贵州也有分布。罗汉果果实口感良好，可润肺祛痰，具备一定的药用效能；叶片晒干后，可用于治疗慢性咽炎和支气管炎。桂林的民众大约在明清时期开始对它进行驯化栽培并获得成功，迄今可能有二三百年的历史。1995 年，较早栽培并形成规模种植的桂林市永福县被农业部（现为农业农村部）命名为“中国罗汉果之乡”。

罗汉果的名称虽然早在宋代就见于张栻和朱熹的诗中，不过，他们提到杭州产的那种果实，似乎并非现在葫芦科的罗汉果，更可能是梨。最早提到罗汉果的文献，大约是明代学者谢肇淛（1567—1624）的《五杂俎·物部二》。谢肇淛曾任广西按察使和广西右布政使等官职，曾在万历年间纂修广西的《万历永福县志》。永福正是罗汉果的主产地。他注意到以前“佛手柑、罗汉果之类，皆不见纪（记）载”。不过在他修的这部县志中，有关物产的记述非常简略，并未收录罗汉果[①]。清初，吴绮的《岭南风物记》有这样一则记载：“梦想出雷州，不知何木，大如鸭卵，以其实切片泡汤，只用一二片，即满一碗，甘美殊异常。”这里的“梦想”，从形态和泡水的甜

① 唐学江修，谢肇淛纂．万历永福县志［M］．台北：台湾学生书局，1987．书中的卷一中所记“物产”很简单，并没有提及罗汉果。

美情形来看，很可能就是罗汉果。

较早明确记述这种药物的地方志是清道光十年（1830年）的《修仁县志·物产·果属》①，书中记载，“按：罗汉果可以入药，清热治咳。其果每生必十八颗相连，因以为名。”较早阐述了罗汉果的功效和得名缘由。据说最早记录罗汉果形态和性味的文献是光绪三十一年（1905年）的《重刊临桂县志》，书中记载：“罗汉果大如柿，椭圆中空，味甜性凉，治痨嗽。”②后来这类记述渐多。

西方人对罗汉果的关注

20世纪前期，罗汉果作为药品兼保健品在华南地区的广泛应用，引起了来华西方博物学者的关注。1932年，时任岭南大学农学院院长的高鲁甫（George Weidman Groff）应广西军政长官李宗仁先生的邀请，到广西进行农学调查。他早听闻栽培于桂林周边山区的罗汉果被华南地区人们广泛用作药物，有良好的保健作用，寻觅多年而不得。但此次广西之行他并未看到罗汉果，其后他作为李宗仁的客人造访桂林也没有见到这种果树。后来，李宗仁好心派人送了一些罗汉果的根苗到

① 修仁县即现在广西荔浦市。
② 曾祥林．广西特产植物罗汉果研究进展［J］．广西医学，2009，31（8）：1182-1186.

广州给他，这是植物学家第一次见到该植物的植株。可能是广州夏天气温过高、气候不合适的缘故，高鲁甫在岭南大学种下的罗汉果只长苗叶不开花。

1937 年 8 月，为了解罗汉果如何栽培及其适应性，美国地理学会研究委员会主席、美国农业部植物学家柯韦尔（Frederick V. Coville）——一个多年来也急于知晓罗汉果的起源和原产地的学者，从学会拨给经费给予高鲁甫。当时学会理事长格雷斯文诺（Gilbert Grosvenor）批准了这笔经费，以岭南大学与美国地理学会双方合作的名义，由高鲁甫率领一个考察队，前往广西桂林及周边山区调查这种果树。此次调查他们采集了许多标本和拍摄了大量的照片。高鲁甫还在美国地理学会发表《中国广西的罗汉果》（*The Lo-Han Fruit of the Kwansi, China*），据说他因此成为研究罗汉果的第一个美国学者。后来，高鲁甫将在桂林永福等地采集的标本资料，送给与岭南大学有长期合作关系的美国农业部外国作物引种处果树育种专家施温高（W. T. Swingle）。经施温高鉴定，罗汉果为苦瓜属的一个新种。1941 年，施温高将其命名为 *Momordica grosvenori*，将美国地理学会主席格雷斯文诺的名字作为罗汉果学名的种加词，以表彰他长期以来慷慨资助在华的生物学和地学考察。[①]

① SWINGLE W T. Momordica Grosvenori sp. nov. the Source of the Chinese Lo Han Kuo［J］. Journal of the Arnold Arboretum, 1941, 22（2）: 197-203.

前景广阔的经济作物

1962 年，英国丘园专长葫芦科分类的植物学家杰弗里（Charles Jeffrey，1934—2022）根据罗汉果植株形态与苦瓜属的一些差异，将其归入赤瓟属，学名相应改为 *Thladiantha grosvenori*。后来，中国科学院植物研究所分类学家路安民和张志耘等根据植物形态、染色体和花粉等方面的考察，发现罗汉果与上述苦瓜属、赤瓟属存在较大差异，将其归到罗汉果属，并将其学名改为 *Siraitia grosvenorii*。

罗汉果味甘，性凉，泡水喝口感很好，有清热润肺和生津止渴的作用，还可用作饮料、食品调味剂及糖尿病人的食疗药物。自 20 世纪 70 年代，中外学者开始对罗汉果果实的化学成分进行了相关的研究，发现葫芦烷三萜类化合物是其主要有效成分。其中，罗汉果糖苷 V 是罗汉果果实当中含量和甜度（为蔗糖甜度的 256 ～ 344 倍）均较高的成分，是主要的甜味成分。罗汉果鲜果中还富含维生素 C 和维生素 E 等，其果仁油中含有丰富的不饱和脂肪酸，以及人体所需的多种微量元素。[①]

基于上述成分分析可以看出，罗汉果作为一种保健

① 曾祥林．广西特产植物罗汉果研究进展［J］．广西医学，2009，31（8）：1182-1186.

食品，具有食用安全、低热量、高甜度、非致糖尿病性等优点，可广泛应用于食品行业中。其作为药品已经开发出冲剂、片剂等六大剂型 80 余种产品。现今，它常被广西各界当作馈送给亲友的礼品，受到社会各界的广泛欢迎。不仅如此，它在国外也受到重视。有人指出，20 世纪 90 年代日本从中国进口大量的罗汉果，除了作天然甜味剂，日本厂商还利用罗汉果甜苷开发出多种保健食品，如抗过敏颗粒剂、减肥食品、降糖食品等，还被用作食品加工中的甜味剂，替代阿巴斯甜、糖精钠等，生产糖浆剂、冲剂、咀嚼剂、泡腾片等食品。①

如今，罗汉果作为一种经济价值较高的新兴农产品，在广西、湖南和贵州都有种植。广西桂林是世界上最大的罗汉果产地。2022 年，广西桂林罗汉果种植面积达到 22.55 万亩，产量 22.52 亿个，种植面积和产量均居全国第一。罗汉果产业链的总价值已超过 150 亿元。②

① 何伟平，朱晓韵，何超文．罗汉果的应用研究进展及产品开发中存在的问题［J］．食品工业科技，2012，33（11）：400-402.

② 秦丽云，刘健，刘菁，等．一场罗汉果“救市战”悄然打响，桂林日报，2023-11-6（07）.

※ 猕猴桃传奇

原产中国的野果

中国各地以猕猴桃为名的植物种类繁多，据植物学家调查，在全国分布的猕猴桃属的植物有 52 种以上，其中有不少种类都可以食用，西南各省区是这类植物的分布中心[①]。现今水果市场上的猕猴桃主要是指中华猕猴桃（*Actinidia chinensis*），以及 1984 年由它的一个变种确定为新种的美味猕猴桃（*A. chinensis* var. *deliciosa*）。它们的野生种分布很广，北方的陕西、甘肃和河南，南方的广东、广西和福建，西南的贵州、云南、四川，以及长江中下游流域的湖北、江西等都有分布，尤以长江流域最多。

猕猴桃被古人采食的历史非常悠久，在距今约 2800 年的《诗经·桧风》就记述河南的密县一带有猕猴桃，当时人们把它叫作苌楚。在《尔雅·释草》中也有苌（长）楚。三国陆机和东晋著名博物学家郭璞都把它解释为“羊桃”，郭璞还说它“叶似桃，华白”。现在

① 俞德浚 . 中国果树分类学［M］. 北京：农业出版社，1979：193.

湖北和川东一些地方的百姓仍管它叫羊桃。东汉时，人们已经将羊桃作为药物。猕猴桃这个名称，很可能到唐代才出现。《本草衍义》（1116）的作者寇宗奭对它曾经有这样的记述："猕猴桃，今永兴军（在今陕西）南山甚多，食之解实热，……十月烂熟，色淡绿，生则极酸，子繁细，其色如芥子，枝条柔弱，高二三丈，多附木而生，浅山傍道则有存者，深山则多为猴所食。"[①] 也许正是后面这个原因，使它有猕猴桃之名。当然它在当时还有很多别名。《开宝本草》（973）就曾记载它"一名藤梨，一名木子，一名猕猴梨"，还说它"其形似鸡卵大，其皮褐色，经霜始甘美可食"。野生的猕猴桃确实需要经霜冻后熟透才变甘甜好吃。其后南宋《海录碎事》（1149）记载："洋州云亭山生猕猴桃，其甘酸，食之止渴。"文中的洋州即陕西汉中的洋县。从上述记载中可以看出，古人是将它作为一种药物和野果加以利用的。

猕猴桃的叶和花都很漂亮，除作为药物和野果食用外，其作为观赏花木在庭院栽培最晚在唐代就开始了。唐代诗人岑参的《宿太白东溪李老舍寄舍弟侄》诗中有"中庭井栏上，一架猕猴桃"的句子，形象地写出当时人们用猕猴桃美化家居的情形。比岑参年长一些的陈藏器则有猕猴桃作为药物的记述。

从我国有关史料来看，这种野果一直被山区人们利

① 寇宗奭．本草衍义［M］．北京：人民卫生出版社，1990：137.

用，但利用的方式可能与金樱子类似，一直未被驯化栽培。清代吴其濬《植物名实图考》记载：“今江西、湖广、河南山中皆有之，乡人或持入城市以售。《安徽志》：‘猕猴桃，黟县出，一名阳桃。’李时珍解‘羊桃’云，叶大如掌，上绿下白，有毛，似苎麻而团。此正是猕猴桃，非羊桃也。”这里顺便说一句，李时珍记载的羊桃确实是猕猴桃，但他不知道这一点，还以为猕猴桃是另一种果品，故此在“草部”和“果部”分列两条。见多识广的吴其濬当然很容易发现这一点，故做出上述辨异。另外，黟县在安徽徽州（今黄山市），这个州在黄山周围的几个县都产猕猴桃，而且把它当作“寿桃的一种”。笔者曾在歙县看到反映这方面风俗的清代木雕，非常具有地方特色。

传播到新西兰

1899 年，由英国一家著名花卉种苗公司派出的园艺学家威尔逊（E. H. Wilson）在湖北的西部引种花卉时，很快注意到这种花丛美丽、果实味美的果树，并迅速将它引种到英国和美国。虽然英国的一些公司在威尔逊等人的建议下，也曾试图把这种有前途的野果发展成

威尔逊收集的猕猴桃

一种商业果品，但未能成功（尽管英国引种的猕猴桃曾于 1911 年结果）。同样的，由于各种原因，美国农业部外国作物引种局也曾对它进行培育驯化。20 世纪初，其派出的梅耶（F. N. Meyer）曾经将猕猴桃引种到美国，但同样劳而无功。在这些国家，猕猴桃只是一种受欢迎的观赏植物。

威尔逊在把猕猴桃引进西方的同时，也把这种野果介绍给当时在宜昌居留的西方人，结果大受欢迎。这些在宜昌的西方领事人员、海关人员、商人和传教士等因此得到这种新型的果品而大饱口福。大约他们觉得猕猴桃的味道像西方久已栽培的醋栗，所以这些西方人就管猕猴桃叫“宜昌醋栗”（Yichan gooseberry）。

在那稍后，不但在地处长江中游湖北宜昌的西方人对猕猴桃有着浓厚的兴趣，居住在江西九江，尤其是生活在庐山的外国人也对这种野生果品十分地着迷。庐山分布着 4 种猕猴桃，其中就有中华猕猴桃。庐山的牯岭长着大量的猕猴桃，在每年 7 月底的时候，山民们挎着篮子采成熟的猕猴桃到城镇出售。在此季节，居住在牯岭的西方居民常把它制成“醋栗饼”或“醋栗酱”。到后来，有些精明的商人更在牯岭和九江成立了公司，经营起猕猴桃的生意来。他们把鲜果用大桶装贮或制成小桶的果酱在上海的虹口商店出售。由于这种果品在市场上受到欢迎，有些外国人还试图在牯岭的小学校园种植猕猴桃，但在相当一段时间内并未获得成功。

1903 年，有个在新西兰北岛西海岸汪加努女子学校教书的女教师——伊莎贝尔（M. I. Fraser），利用假期到宜昌去看望她的姐妹凯蒂（C. G. Fraser）。当时凯蒂在宜昌当传教士，同时也教书。1904 年 2 月，伊莎贝尔返回新西兰的时候，把猕猴桃的种子带回到自己的国家，然后给了该校一个学生的父亲，后者又把这些种子给了他的兄弟——在当地养羊和种果树的农场主爱里生（A. Allison），爱里生将它栽培后于 1910 年结果。后来新西兰栽培的猕猴桃都可以追溯到这个农场果园。得益于土壤和气候条件的适宜，加上味道符合当地人的口味，且富含维生素，当地人不断地对它进行驯化和品种改良，终于取得了成功。①

20 世纪三四十年代的新西兰，猕猴桃作为果树栽培并成为商品。1940 年，新西兰北岛的几个果园产的猕猴桃已有可观的产量。就这样，这种新型的水果在新西兰逐渐引起了人们的重视。经过一段时间的栽培选育，他们又育出了质量优良的大果品种。1952 年，食用后让人唇齿留香的猕猴桃鲜果首次出口到英国伦敦，随即打开国际市场。1980 年，新西兰栽培猕猴桃 12300 公顷，年产量达 2 万吨，独占世界市场。由新西兰培育出来的品种还被逐渐引种到澳大利亚、美国、丹麦、德国、荷兰、南非、法国、意大利和日本等国。后来在意大利、智利、法国和希腊都有较多的栽培。到 20 世纪末，全世界猕猴桃的产量已经达 100 万吨。②

由于猕猴桃成为新西兰的一种著名水果，而外国人又把新西兰人叫作 kiwi，后来人们干脆也把猕猴桃叫作 kiwi（或 kiwi fruit）。据台湾学者张之杰先生说，新西兰的 kiwi fruit 于 20 世纪 70 年代销到台湾，被进口商音译成“奇异果”（这或许是猕猴桃被称为“奇异果”的由来）。新西兰产的猕猴桃于 20 世纪 90 年代销到中国大陆，北方市场上称为猕猴桃，南方沿海城市有将新西兰进口的猕猴桃称为“奇异果”或“奇伟果”的。顺

① FERGUSON A R E H. Wilson Yichang and Kiwi Fruit [J]. Arnoldia, 1983, 43 (4): 24-35.

② 黄宏文. 猕猴桃研究进展 [M]. 北京: 科学出版社, 2000: 1.

便说一下，kiwi 原先是指当地一种不会飞的鸟（中文译作几维鸟，或希维鸟），它的叫声像“kiwi”，土著毛利人就给它取了这个称呼，没想到，到了 20 世纪中叶又成为新西兰产猕猴桃的称谓。

耐人寻味之处

中国把猕猴桃当作一种果树规模栽培是在 20 世纪 70 年代前后。当时人们从新西兰引进一些优良品种，同时也大力发展自己的良种选育工作。根据有关报道，在 1975 年的时候，猕猴桃的产量就达 500 万～800 万斤，并有部分出口到日本。中国现在产的猕猴桃质量和果实的外观也很不错，以河南产的猕猴桃为例，个重一般在 100 克左右，大的可达 350 克。猕猴桃现已成为中国一种比较受欢迎的水果。这种水果的一个突出特点就是维生素 C 的含量很高，每 100 克果肉的含量为 100 ～ 420 毫克，是一般蔬菜、果品的几倍或几十倍。除当鲜果食用外，猕猴桃还常被用于制作果酒、果脯和果酱等。四川苍溪产的红心猕猴桃也是质量较好的品种，不过与新西兰等国家比起来，无论是育种还是果品质量还有很大差距。

据统计，2020 年全球猕猴桃总种植面积 45.5 万公顷，产量 663.7 万吨。其中，中国种植面积为 18.4 万公顷，产量 223 万吨，占世界首位。不过，中国猕猴桃种植技术水平还较落后，单位面积产量仅相当于新西兰的 3/10。中国以陕西和四川产猕猴桃最多，陕西产量占全国一半以上。虽然中国猕猴桃全球产量最高，但因质量跟不上，仍需大量进口。中国每年进口猕猴桃 10 万吨

猕猴桃

以上，价值 4.5 亿美元。目前，中国猕猴桃产业发展存在产量低，不能即食，口感差，价格低，经济效益差，以及配套的生产、保鲜、催熟和冷链物流技术设施不足等问题。

猕猴桃从一种并不太引人注目的野果，成为现在世界著名的商品水果，是非常值得人们寻味的。这不禁使我们联想到原先不为人们重视的橡胶、西红柿，同样成为世界最重要的工业原料和蔬菜之一。是的，猕猴桃作为一种果品可能有它的偶然性。作为一种浆果，它不适合储藏，也不像柿子一样适合做果干（柿饼）。就我国传统的果品市场而言，浆果的重要性并不突出。反之在西方，草莓、葡萄和无花果等浆果则是占主导地位的果品。也许正是因为西方人喜欢浆果，而这类果实适合加工成他们喜爱的果酱、果饼，这种文化上的差异，推动他们努力促成这种果树走向果园、走向市场。同时还因为遇到合适的人而传播到适宜的地方。

猕猴桃的发展历程，还给了我们这样一个启发：我们的认识水平还很有限，难以预料什么生物将为我们所需，或将给人类社会带来何种效益。正如猕猴桃可以成为世界著名的水果一样，随着科学技术的发展和社会需求的变化，我们也许可以期望有一天，木莓（*Rubus swinhoei*）、刺梨（*Ribes burejense*）、赤楠（*Syzygium buxifolium*）、乌饭（*Vaccinium bracteatum*）、杨桐（*Adinandra millettii*）等也会成为我们众多水果中的成员。其他生物也将为后代的生活提供可能的、潜在的保障资源。这也启发我们应该保护生物多样性，善待自然。

⁕茶山武夷

武夷茶声名远播

闽西北的武夷山，峰峦叠翠，景色旖旎，钟灵毓秀，为著名的世界生物圈保护区，是世界文化和自然双重遗产。这里还是著名的茶乡，是中国茶叶走向西方的始发地，武夷山也因此在西方得一很别致的名称——Bohea Mountain。探求其缘由，还有一段有趣的历史。

福乘所绘的武夷山挑茶工

得益于优越的气候条件和地理环境，武夷山非常适合茶的生长。从唐代开始，山中产的茶叶开始渐为人知。进入宋代，那一带建瓯产的茶叶就享有盛名。这里不仅岩茶制作精良，还是红茶的发祥地。山中产出的正山小种和金骏眉等红茶，以及大红袍等乌龙茶蜚声中外。

明清时期，闽北武夷山区不仅茶叶产量极高，而且质量很好，行销海内外。当时，对外贸易的茶叶大部分来自崇安（今武夷山市）、浦城一带的山区。黄仲昭（1435—1508）在其《八闽通志》中指出，武夷山出产的茶叶，号称“绝品”。清代四库馆臣认为:“自唐以来，茶品推武夷，武夷山即在崇安境。”很显然，这里的“武夷山”就是今天的武夷山风景区那一带，亦称小武夷山。清代博物学者郭柏苍《闽产录异·茶》记述，福建各地都产茶，以武夷山产的质量最高。他在书中还指出，武夷山区寺庙的僧人很多是晋江人，他们将制茶作为一种产业，每个寺庙请的制茶技师都是泉州人。因僧人在武夷山区经营茶叶，西方人最早接触的茶叶正是闽南人出售给他们的武夷茶。

明代晚期的17世纪初，继葡萄牙人之后，荷兰人来到东南沿海与中国展开贸易。他们最早从福建购买了中国的传统“饮料”——茶叶，带回欧洲倒卖，获得较好的商业利益。在其后相当一段时间内，荷兰人成为欧洲最大的茶叶供应商。那他们购买茶叶与武夷山又有怎样的关系呢？我们不妨从当时的相关文献谈起。

清代康熙年间（1662—1722），江苏嘉定人陆廷灿在福建崇安当县令，后来在其出版的《续茶经》（1734）中，引用了此前屈擢升《随见录》所记的各种名茶："武夷造茶，其岩茶以僧家所制者最为得法，至洲茶中采回时，逐片择其背上有白毛者，另炒另焙，谓之'白毫'，又名'寿星眉'。摘初发之芽，一旗未展者，谓之'莲子心'。""武夷茶，在山上者为'岩茶'，水边者为'洲茶'。岩茶……其最佳者，名曰'工夫茶'。工夫茶之上，又有'小种'，则以树名为名，每株不过数两，不可多得。洲茶名色，有莲子心、白毫、紫毫、龙须、凤尾、花香、兰香、清香、奥香、选芽、漳芽等类。"[①] 文中记述了各茶名的缘由和茶的某些特点。其后，寓居毗邻崇安浦城县的官员梁章钜（1775—1849），在其《归田琐记》中则记述了武夷茶销往各地的情况。他指出，当时城中的官员和富裕人家都喜好武夷茶。不仅如此，"沿至今日，则武夷之茶，不胫而走四方。且粤东岁运，番舶通之外夷"，"今城中州府官廨及豪富人家，竟尚武夷茶"。[②] 武夷山区产的茶叶在国内受欢迎的程度和在外贸中所占的重要地位可见一斑。

① 陆廷灿．续茶经：卷上（三）[M] // 生活与博物丛书．上海：上海古籍出版社，1993：104，154.

② 梁章钜．归田琐记：卷 7 [M] // 清代笔记小说大观．上海：上海古籍出版社，2007：3889.

上述官员所记，并非无稽之谈。1751 年，瑞典著名博物学家林奈（Carl Linnaeus）的学生奥斯贝克（P. Osbeck）在广州勾留期间，非常关注市场上的茶。他在其《中国和东印度旅行记》（*A Voyage to China and the East Indies*）一书中记下，据 1735 年法国杜赫德（Du Halde）的《中国概述》（*Description de I'Empire de la Chine*），中国最好的茶产自福建。他还说，茶在汉语中叫 Tia，在福建（闽南语）叫 Te。欧洲人首先在福建接触茶叶，因此 Te（Tea）这个方言名称就被西方认可并传承下来。他在广州市场上看到的茶品中，红茶有河南茶[①]（Honam Té）、安溪（Ankai）、头春（Tao kyonn）、工夫（Congo Kong-fo）、小种（Sutchong）、连子心（Lin kisam）、白毫（Pecko）、武夷茶（Bohea）；绿茶有熙春（Hi kiong）、沫茶（Tio）、松萝茶（Singlo）。其中河南茶只在当地消费，并未出口。从上面引据的《随见录》中可以看出，其中武夷、工夫、白毫、小种、连子心（莲子心）、安溪，都是福建产的茶，且前 5 种都产于武夷山区。

了解上面史实后，就不难理解为何荷兰人将茶称为 Thea，英国人将茶称作 tea，因为它们皆来自闽南话 Te 的转音。而武夷茶被称作 bohea，则源于厦门人对福建名山——“武彝[②]（Woo-e）”这个称谓的发音“Boóê”。[③]

① 指广州珠江南面村落产的茶。

② 即“武夷”。

③ List of the Principal Tea Districts in China［J］. Journal of the North China Branch of the Royal Asiatic Society, 1876, X. 1-［11］.

这也很好地解释了英国人在厦门进口优质茶叶后，武夷茶（bohea）很快流行开来。根据《韦氏词典》，作为英语“武夷茶”bohea一词始见于1692年[①]。后来，西方人因此将武夷山称作Bohea Mountain（或Hill）。很显然，武夷山在17世纪就因产出的茶叶外销著称于世。从奥斯贝克的表述来看，西方人最早接触的茶叶，应该就是武夷茶。

西方学者对茶叶原植物的厘清

不仅如此，西方人围绕茶叶原植物的命名和认识也有一段有趣的历史，而且还与Thea（茶）和Bohea（武夷）有些纠葛。荷兰人将茶称作Thea后，又对其“外延”做了拓展。荷兰东印度公司医生、普鲁士（德国）学者肯普弗（Engelbert Kämpfer），根据自己1690—1692年在日本长崎居留期间所见，于1712年出版了一本关于日本见闻的著作——《异域札记》（*Amoenitatum Exoticarum*）。其中，记述了茶这种植物的形态，还用Theaceae作为山茶科的学名。[②]不过西方人在很长一段时间内也没弄清楚制作红茶和绿茶的原植物究竟是一种

① Bohea Definition & Meaning-Merriam-Webster, https://www.merriam-webster.com/dictionary/bohea. 2022.7.22.

② 威廉·乌克斯．茶叶全书［M］．中国茶叶研究社，译．上海：茶叶研究社出版，1949：262.

述是两种。

奥斯贝克认为，所有的茶都来自相同的灌木，不同茶的差别在于采摘期和制作。但有人指出，棕茶（红茶）来自花六瓣的灌木，也就是肯普弗描述的那种，而绿茶来自花九瓣的灌木。前者在林奈名著《植物种志》（*Species Plantarum*）第二版第734页被命名为 *Thea bohea*，后者为 *Thea viridis*。林奈除煞有介事地根据它们的花瓣加以区分外，还认为绿茶原植物有更窄而长的叶片。他在书中将 Thea 用作“茶属”的属名。别出心裁地将荷兰人对茶的称谓 Thea 与西方人口中的武夷茶 bohea 拼合成一个植物新学名，既有属名，绿茶学名的种加词用一个拉丁文意思即“翠绿的”“大功告成”。尽管如此，一些学者还是怀疑绿茶植物是否真的与武夷茶（bohea tea）植物不同。①

最终弄清楚茶叶源于一种植物的是英国园艺学家福乘。1843 年，他受伦敦园艺学会的指派，到中国收集花卉植物。期间他曾在东南沿海浙江宁波和福建福州等地考察过一些茶园。经一段时间的旅行，福乘发现红茶和绿茶原来由同一种植物制成，只是加工工艺不同。② 后来随着人们对茶叶原植物了解的深入，林奈的茶属被并入山茶属（*Camellia*），茶学名的种加词也由“武夷”（bohea）改成“中国”（sinensis）。

① 威廉·乌克斯．茶叶全书［M］．中国茶叶研究社，译．上海：茶叶研究社出版，1949：262.

② FORTUNE R. Three Years' Wanderings in the Northern Provinces of China［M］. London：Joiin murray，1847：189，382.

武夷茶与山的名称

不仅如此，福乘还是实地到武夷山考察的第一个西方植物学者。鸦片战争前后，英国东印度公司想方设法将茶引到英国的殖民地印度、斯里兰卡等地栽培。1848年和1852年，东印度公司先后两次派了已经有一些茶叶知识的采集者福乘来华收集茶苗和茶种，引到印度的阿萨姆等地栽培。来华收集期间，福乘和之前来广州的瑞典人奥斯贝克一样，在市场上调查不同种类的茶及其质量，涉及武夷红茶（Bohea）、广州武夷茶（Canton Bohea）、工夫茶（Congou）、小种（Souchong）[①]、白毫（Pekoe）、熙春白毫（Hyson-Pekoe）、龙井（Loong-tsing）、屯溪（Twankey）、熙春（Hyson）、珠茶（Choocha）、雨前茶（Yu-tsein）等，还到上述一些名茶产地实地考察，如安徽休宁的松萝山、浙江宁波的天童山和福建武夷山茶区。

武夷山茶区当时并未对外开放，但福乘为了东印度公司的利益不顾一切，希望回欧洲后能确定地告诉大家，他从中国最好的红茶产区给英国政府在印度的茶园引种了茶种和茶苗。1849年5月，福乘动身亲自去了一趟驰名中外的武夷山红茶产区考察收集。他从江西往

① 小种红茶常被半磅包装，作为礼品馈赠友人，又称教士小种（Padre Souchong），此名称可能是由天主教传教士叫出来的。

南进入福建，然后经崇安（武夷山市）西侧，来到风景秀丽的武夷山风景区（小武夷山）。置身于在西方中久负盛名的“武夷茶”产地，福乘对这里的绚丽景色感触良深，认为无论以往传教士的称道，抑或中国史籍的颂扬，皆非过誉之词。

福乘不失时机地在那里详细地了解了有关茶叶的种植和生产情况，尤其是在景色宜人的九曲溪畔进行了考察。这条溪的北岸出产的茶之优良，闻名遐迩，最好的“小种”和“白毫”产于此地。福乘将这个最好的红茶产区在其著作《两次中国茶区之行》（*Two Visits to the Tea Countries of China*）的地图中详细标出。

从福乘所绘的地图中，很容易看出他把广义的武夷山即福建和江西间的武夷山脉称为 Bohea Mountain，狭义的武夷山（福建境内的武夷山风景区，也叫小武夷山）称为 Woo-e-shan。虽然小武夷山叫 Woo-e-shan，却又是大名鼎鼎的武夷茶产区（Bohea tea district），是不是很有趣？

福乘所绘的九曲溪及周边茶园

※中国园林之母

19 世纪中叶，奉伦敦园艺学会之命，园艺学家福乘来华引种观赏植物。他在“上有天堂，下有苏杭”的江浙一带花园流连，发现这里花卉种类繁多、杂彩纷陈，不禁感慨中国是“群芳中心”。半个世纪后，他的同胞威尔逊受花卉公司的雇用，再次踏上了中国这块神奇的土地，开始了在湖北和四川山区引种鸽子树等野生花卉植物。置身于“西部花园”中，他被深深地感动和陶醉，后来写下《中国——园林之母》（*China*：*Mother of Gardens*）这一有影响的著作。一百多年来，“中国——园林之母”这个提法已为众多的植物学家和园艺学家所接受。西方人从华东到华西，从引种栽培园林花卉，到开发中国野生花卉，期间历程，值得深思，发人深省。

中国东部花园对西方的贡献

中华民族自古爱花，在这漫长的历史进程中，培育了许多举世闻名的绚丽花卉。早在 2500 多年前的《诗经》中，就记有芍药、萱草、桃花、李花等不少观赏花木。中国的花卉很早就通过丝绸之路传入西方，如原产中国并经古人改良过的栽培萱草，约在2000年前就传入欧洲。这种漂亮的黄花形状很像百合，每逢开花季节，每天都有一些花谢和花开，因此西方人称之为“日日新百合”（Daylily）。

进入近代后，来华的西方商人等很快对中国众多异乎寻常的漂亮花卉产生了浓烈兴趣。当时随着社会经济的进步，西方英、法各国园林艺术发展迅速，对海外的奇花异草有更多的需求。因此，他们千方百计引进中国花卉的种苗。

鸦片战争前，有“花城”之誉的广州和都城北京是早期他们引种中国花卉的重要场所。其代表人物是法国传教士汤执中（Pierre d’Incarville，1706—1757）和英国验茶官雷维斯（John Reeves，1774—1856）。

汤执中受过植物学训练，于18世纪上半叶来华，凭借技艺，进入北京宫廷御花园做园丁，雷维斯则是19世纪前期英国东印度公司驻广州雇员。他们都曾异常活跃地往西方寄送观赏植物种苗。经他们送出的花卉和绿化植物包括荷包牡丹、角蒿、翠菊、苏铁、栀子、忍冬、蔷薇、杜鹃、紫藤、藏报春、侧柏（也叫扁柏）、槐树、臭椿和栾树，等等。

荷包牡丹（邵伟 / 摄）

在西方早期从中国引种的花卉中，菊花和月季无疑最为引人注目。菊花在中国有两三千年的栽培历史，是历来深受国人喜爱的名花，选育出的著名观赏品种特别多。大约在 1688 年的时候，有“海上车道夫”之称的荷兰人，引进了 6 个漂亮的菊花品种。1789 年，英国当时的皇家学会主席班克斯（Joseph Banks）又重新引进中国的菊花，据说其后英国栽培的菊花主要由此种培育而来。1804 年，英国一些精干的园林艺术家成立的“伦敦园艺学会”（1860 年改名为“皇家园艺学会”）对英国在华收集观赏植物（其中包括菊花）起了很大的促进作用。

园艺学会先后于 1821 年和 1823 年派出鲍兹（J. Potts）和帕克斯（J. D. Parks）到中国引进菊花新品种和其他一些花卉。他们送回去 30 个菊花新品种和大量其他观赏植物。加上在广州的英国商人等的不断引进，在不长的时间内，广东沿海较好的菊花品种几乎全被引到了英国。

1843 年，园艺学会派出的福乘到中国当时开放的东南方口岸城市收集园林植物。他被西方认为是“在中国植物收集史上无可争议地开创了新纪元”的人。他先后 4 次来华，给西方引去了包括牡丹、芍药、山茶、银

山茶

莲花、铁线莲等 190 个种和变种园林植物和经济植物，其中有 120 种是西方前所未有的。特别值得一提的是，他于 1846 年从舟山引进了“舟山雏菊”，在那以后的 20 年中，这种菊花经西方园艺学家之手，培育出各类普遍栽培的焰火品系，在菊花育种史上开了新纪元。

因为重视，西方在菊花的育种方面进展神速，成就很大，到 1852 年，与中国相比已有青出于蓝而胜于蓝之势。如今，菊花不但是栽培最普遍的花卉之一，也是深受世界各国人民喜爱的四大切花种类之一[①]，是商业价值最高的花卉之一，难怪有人认为菊花肯定是西方从远东引进的最重要的园林植物。

西方从中国引进的重要园林花卉很多，早期堪与菊花比肩的是月季。月季也是中国非常古老的一种观赏花卉，在南方四季都开花，故此叫月季，俗称月月红。在引进中国月季之前，西方没有四季都能开花的蔷薇科植物，因此中国的月季对于西方“现代月季”的形成具有异乎寻常的重要价值。月季在当今西方园艺界的重要性堪称举足轻重，它在西方被誉为“花中皇后”，栽培品种超过 20000 个。这似乎是西方人对蔷薇属植物情有独钟的结果。根据美国植物生理学家里德（H. S. Reed）的说法，西方栽培的月季和蔷薇属植物主要来源于中国的 3 个种。它们分别是月季（*Rosa chinensis*）、

① 另三种分别是月季、唐菖蒲和香石竹。

多花蔷薇（或称野蔷薇 *R. multiflora*）和芳香月季（*R. odorata*）。基于这 3 个种的定向杂交和培育，西方得到众多千姿百态的月季和玫瑰。当然，中国是蔷薇属植物现代分布的中心，西方从中国引入的与月季同属的蔷薇属植物远不止这 3 个种，当时和后来引入的还有木香花、“五色蔷薇”等大量其他蔷薇属观赏植物。

这一时期引入西方的花木还有许多被广泛栽培，如 19 世纪初英国从中国南方引入的卷丹便是其中之一。卷丹是中国各地常见的一种球茎花卉，在中国有很长的栽培历史。它那翻卷成球形的橙红色花瓣，上面点缀着

卷丹

紫黑色的斑点，与纤长舒展的花须相匹错落有致，显得特别婀娜多姿。由丘园的收集者引回去后，在欧洲园林很快风行。于它形态上的上述特点，这种花被西方人称为“虎百合”（Tiger lily），后来成为世界上栽培最普遍的百合种类之一。另外，藏报春、棕榈、榆叶梅、锦带花及木香花的一些变种在西方也有不少栽培。中国的花卉资源如此丰富，福乘从内心深处感叹“我们不得不承认中国的的确确是‘群芳中心’（central flowery land）”[①]。

威尔逊打开西部花园

19世纪下半叶，法国传教士和英国学者在中国西南四川山区和湖北宜昌附近的地区学收集，使西方人认识到中国中西部高山峡谷中还蕴藏着大量奇丽的花木资源。当时哈佛大学的植物学家沙坚德（C. S. Sargent）教授认为：“很明显，世界上没有哪部分像中国西部那样，能有那么多的适合于温带气候的城市公园和花园的新植物。”他建议英国著名的维彻花木公司派人到那些地方收集新植物的种苗。1899年，英国年轻的园艺学者威尔逊由维彻花木公司派出来到中国。在上述地区的

① FORTUNE R. Three Years' Wanderings in the Northern Provinces of China［M］. London：Joiin murray，1847：56.

成功收集，使他被誉为“打开西部花园的人”。

如果把威尔逊的工作作为西方在华引种工作整体的一个阶段加以考察的话，很容易发现，与前一个阶段的福乘等人主要从中国引进原有的栽培花卉不同，这一阶段西方人以引种中国的野生花卉为主，因而其数量更多。许多花卉甚至更有魅力，如珙桐和香果树不但是中国特有的古老树种，而且也被一些西方学者认为是北半球最漂亮的观赏树木。它们带有可开发和驯化的特征，地点也由中国的东部进入到中西部。

威尔逊先后 5 次来华，前 2 次由维彻花木公司雇用，时间分别是 1899—1902 年和 1903—1905 年，而且各负有引进珙桐和全缘叶绿绒蒿的明确使命。

相较于中国众多的观赏植物，珙桐颇有点“养在深闺人未识”的意味。这种花苞片成对像鸽子展翅的漂亮观赏树木标本，首先由法国传教士谭卫道在中国的川西宝兴采得。它不但有很高的观赏价值，还是中国特有的古老树种。法国植物学家还特地在其编写的有关这种植物的著作中配上了一幅漂亮的彩图。因其花苞片的形状，珙桐被美称为“鸽子树”（dove tree）或“手帕树”。可能是有关这种树的描述和它那幅漂亮的插图引起了商人的注意，维彻花木公司才产生了引种的念头。

威尔逊前 2 次来华除成功引进珙桐和全缘叶绿绒蒿

外，还引进了大量的其他观赏植物。他当时去的鄂北和川东等地是中国槭树属等木本植物的中心，所以他的引种包括不少很有观赏价值的木本植物，如娇艳动人的山

珙桐（胡建成/摄）

全缘叶绿绒蒿（彭敏提供）

玉兰，既有花叶可观，又有美果可餐的猕猴桃，还有喇叭杜鹃和粉红杜鹃等。

在完成维彻花木公司交给的使命之后，威尔逊又于1907—1908 年、1910—1911 年及 1918 年 3 次来华为美国哈佛大学的阿诺德树木园引种木本植物和花卉。他从湖北、四川和台湾为西方引进大量的木本观赏植物。其

中包括现在在西方颇受欢迎、被认为是最有价值的引进之一的川滇木莲，主要分布于中国的古老孑遗树种连香树，特有树种杜仲，中国北方比较常见的园林树种云杉，颇具观赏价值的忍冬、绣线菊、圆叶杜鹃，以及大叶柳和台湾杉等。特别值得指出的是，威尔逊所到的川西大渡河和岷江流域正处中国百合科植物分布的中心，所以百合是他引种的特色之一。其中，岷江百合（亦称王百合）在西方非常受欢迎，被认为是威尔逊最成功的引进之一。

威尔逊引进了1000多种植物到西方栽培，比其他任何西方人都多，经他引种的杜鹃就有约60种，不少植物在西方被广为栽培。他当年引种的珙桐不少已长成高达17米甚至更高的参天大树。这种漂亮的鸽子树现在不但为欧美普遍栽培，而且成为世界著名的观赏树木。

正是由于自己的采集经历和切身体会到世界园林艺术深深地受惠于中国原产的花卉，威尔逊恰当地称中国为“园林之母”。如果说早期的传教士、商人以及英国伦敦园艺学会的收集者从中国园林荟萃和精华所在的华东南及北京得到了众多花卉，从而使福乘得出中国是“群芳中心”的结论，为“中国——园林之母”这个论断打下了基础的话，那打开中国“西部花园”之门的威尔逊则是通过对以往成果进行归纳，并通过提供大量新资料，从而水到渠成地提出这一论断的睿智博物学家。

对于中国园林植物在国外的重要性，威尔逊有非常精辟的论述。他指出："对中国植物的巨大兴趣及其价值的认可，繁多的种类固然是一个方面，然而人们更注重大量观赏性和适应性都很强的那些植物。正是这些植物在装点和美化着世界温带地区的公园和庭园。……下列事实突出表明这一点，'在整个北半球的温带地区的任何地方，没有哪个园林不栽培数种源于中国的植物'。""园艺界深深地受益于东亚，这种受益将随着时间的迁移而增长。"他的这种观点后来一直被许多熟悉园林花卉专家所认同。美国宾夕法尼亚大学莫里斯树木园的一位植物学家指出："威尔逊引种的许多植物，已经成为我们园林和城市栽培花卉的重要组成部分，并被广泛运用于杂交育种和选育新品种。威尔逊在中国的收集，极大地加深了我们对作为温带最丰富和最具多样性的中国植物的理解和确定其众多作为栽培种类的用途。"①

西方人在"花卉王国"的活动

19 世纪末，法国植物学家发表了大量由传教士从

① MEYER P W. The Return to China, Mother of Gardens[J]. Arnoldia, 2010, 68(2): 4-11.

云南大理苍山和洱海周围采集的植物，揭示了云南植物资源的丰富和杜鹃花种类的繁多。这使精明的英国商人迅速地意识到，中国云南的西北部是花卉荟萃的天堂，特别是他们着迷的杜鹃花简直出奇的多。他们马上派出福雷斯特、瓦德到那里收集。一位曾在中国进行花卉引种的英国人指出，那些年西方在中国云南引种的花卉，比在中国其他地方的总和还多。

鸦片战争前，西方已经从中国引进了一些杜鹃。1859 年，福乘从浙江山区送回过云锦杜鹃。这种杜鹃后来在杜鹃的杂交育种中起了非常重要的作用，被西方园艺学家认为“已证明对杜鹃栽培者具有难以估量的价值”。其后，威尔逊又将不少颇具观赏价值的杜鹃引到英、美等国。

随着优良杜鹃花输入的增多，英国公众对杜鹃花的爱好日益增长。爱丁堡植物园的福雷斯特就是在这样一种环境背景之下受雇被派到中国收集杜鹃花等花卉的。从 1904 年开始，福雷斯特在中国的西南设点进行了长达 28 年的收集，重点在杜鹃花、报春花和豹子花分布中心的滇西北、川西和藏东一带，他不但从那一带弄走了不下 200 种的杜鹃花，而且还有大量的报春花（云南也叫楼台花，俗称樱草）、豹子花以及龙胆。此前，中国产的百合科豹子花虽已为前人记述过，但真正作为栽培引种始于福雷斯特。他在中国西南的云南等地收集到约 50 种豹子花，引进到英国栽培的有云南豹子花（*Lilium saluenensis*）等。[①] 福雷斯特这段时间以杜鹃花为主的园艺植物的引进显然极为成功。上述花卉深受英国园林界的欢迎，很快在英国普遍栽培。福雷斯特的引种也使爱丁堡植物园成为驰名世界的以收种杜鹃花、报春花众多著称的植物园。

长期在中国云南考察、收集，福雷斯特深有感触地写道:“那一地区有极其丰富的新种……那里大量的收获有待于在野外开始；园林新种的收获，正如近年从中国西部引进许许多多的珍品令我们喜出望外一样，必将让我们感到惊喜。”[②] 他指出，滇西北是中国花卉植物的“渊薮”（Eldorado）。

福雷斯特来华数年后，瓦德又受一个花木公司的雇用来到中国西南的云南和四川引种花卉。他后来在青藏高原及其周边地区考察和收集近半个世纪，引种植物的地点主要涉及川北、滇西北、藏东南及相邻的缅甸一些地方，成功地从中国引进许多观赏花卉到西方，还发现了一些重要花卉的“地理坐标”。他首次来华引种花木，发现云南德钦是“绿绒蒿的故乡”。1924—1925 年，瓦

① SCOTTISH Rock Garden Club. George Forrest, V. M. H.: Explorer and Botanist Who by His Discoveries and Plants Successfully Introduced Has Greatly Enriched Our Gardens, 1873—1932 [M]. Edinburgh: Stoddart & Malcolm, 1935: 59.

② 同①，第 64-83 页。

德在西藏东南部的雅鲁藏布江大峡谷一带进行了重要的考察和收集。他发现林芝的鲁朗山区一带堪称“报春花的天堂”（the paradise of Primulas）。靠近南迦巴瓦峰的多雄拉山口花卉极多，尤其是杜鹃，实为“杜鹃的圣地”（the Rhododendron Fairyland）。雇用他的英国公司的种苗园栽培了他引回的许多植物，不少很快进入市场。植物的种类以悬钩子属、绿绒蒿属、虎耳草属、龙胆属、铁线莲属、报春花属为多。其中报春花的数量较为突出，此外还有杜鹃、百合、蔷薇等。

瓦德对其活动区域花卉种类之丰富有如下记述：“那些地方呈现难以置信的花卉和植物资源，无与伦比。”“这似乎极其恰如其分——世界上最美风景中无比壮阔而巍峨的群山，拥有世界最繁复多样的植物和迷人的花卉。经过多年的旅行和采集后，人们对这里无限的花卉财富刚刚有一些朦胧的观念。说那些地方已知有10000～15000种植物，也仅是一种表象的端倪，无需赘言。”[①] 他总结到，“中国是花卉的王国”（China is the Flowery Kingdom）。他指出，对中国花卉的狂热程度虽不及某些其他来源的花卉，但格调更高。从中国引入的许多花卉，至少非常美。[②] 他的评价非常精辟。

在瓦德在华西南部活动期间，还有两个英国人在西

① KINGDON-WARD F. From China to Hkamti Long［M］. London：Edward Arnold & Co., 1924：171.

② KINGDON-WARD F. The Romance of Plant Hunting［M］. London：Edward Arnold & Co., 1924：6-17.

藏东部活跃地引种花卉。他们是路德洛和谢里夫。从1923年开始，他们在西藏拉萨周边一带和藏东南一带引种了大量的花卉植物回英国栽培。著称的有白钟杜鹃、羞怯杜鹃、啮蚀杜鹃、红钟杜鹃、广口杜鹃、半圆叶杜鹃的一个变种，察日脆蒴报春（*Primula tsariensis*）、缺叶钟报春、鹃林脆蒴报春（*P. whitei*）、縫瓣脆蒴报春、卵叶雪山报春、美花报春、小独花报春、藏南粉报春、镰叶雪山报春，隆子绿绒蒿（*Meconopsis sherriffii*），大理百合、卓巴百合，长花铁线莲和东方铁线莲等。此外，他们还将大花黄牡丹、白芍药引入[①]。后来这些花都在英国广泛栽培。

在20世纪二三十年代，除英国人在云南等地紧锣密鼓地收集中国的花卉植物外，还有一个美国人在中国西南引回不少杜鹃和其他观赏植物栽培，这个人就是洛克（J. Rock）。他受美国农业部和地理学会的雇用，曾长期在云南的丽江玉龙雪山下的雪嵩村等地设点收集植物。他不但引种了木里杜鹃（*Rh. muliens*）、川藏皱叶报春（*P. rockii*）等不少观赏植物，而且生动地向西方介绍了中国西南丰富的园林植物资源。1924年，他在甘南迭部考察、收集，不禁对那里众多的美妙观赏植物留下了深刻的印象。他写道："在我的一生中，从未

① LANCASTER R. Roy Lancaster Travels in China：A Plantsman's Paradise［M］. Woodbridge Suffolk：Antique Collectors' Club Ltd., 1989：263.

迭部秋色（张正春/摄）

紫斑牡丹

见到如此绮丽的风景。假如《创世纪》[1]的作者到过迭部，那他一定会把亚当和夏娃的出生地[2]放在这里。这里有高达二三十米的苹果树，当然，这里的苹果不会引诱夏娃。”特别值得一提的是，他从甘南送回美国的紫斑牡丹（*Paeonia rockii*）在北美和欧洲繁育成功，受到市场欢迎。

西方从中国云南等西南地区引种的花卉，后来还培育出不少园艺品种。典型的如从中国引去的众多杜

① 基督教《圣经》中《旧约全书》的第一部。
② 当为伊甸园。

鹃经他们的杂交培育，已出现众多花色、花型各不相同的品种。其中，由福雷斯特引进的灰背杜鹃（*Rh. hippophaeoides*）是很受欢迎的栽培种之一。如今，杜鹃花已经成为世界著名的观赏花卉之一，品种有8000～10000个，在数量上仅次于月季和菊花。

此外，由福雷斯特从云南引去的怒江茶花，在英国通过杂交培育出著名的威廉姆茶花。山茶花在美国也很受欢迎，由于育种方法先进，美国现在已有各种茶花品种3000多个。20世纪70年代后，美国还设法继续引种中国特有的园艺品种和野生种，给茶花的育种提供了新的种质资源。①

随时间的推移，威尔逊关于“中国——园林之母”的观点日益深入人心。当今世界，每当说起栽培植物的起源，人们首先想起的总是苏联植物地理学和遗传学大师瓦维洛夫（N. I. Vavilov），他对威尔逊的观点也十分赞同。他曾写道：“毫不夸张地说，有数以千计的观赏花木起源于中国，这些花木见于全世界各地的花园，尤其是美国。”

同样值得指出的是，曾在中国西南一带做过植物收集和引种，并因写作《在中国的植物猎奇》（*Plant Hunting in China*）一书而在西方享有盛誉的考克斯（E. H. M. Cox），在20世纪40年代他写的书中指出：在18世纪末，英伦三岛中对中国植物的兴趣已在升温，到

① 俞德浚．美国园林建设观感［C］// 南京中山植物园研究论文集．江苏：江苏科学技术出版社，1981：136-141.

19 世纪初，这类植物的爱好者已经出现，而且这种人一直或多或少地存在着。事实确实如此，中国的园艺植物一直牵动着英国人的心。自中华人民共和国成立后，他一直未能再到魂牵梦萦的中国（从其非常动人的结束语中不难窥出这点）。但得益于后来中国的改革开放，他在爱丁堡植物园工作的儿子 P. 考克斯和其他一些英国的植物学家，马上利用与中国合作考察云南大理点苍山植物的机会，又循着其先辈的足迹，到中国引种杜鹃、蔷薇、铁线莲、金丝桃等美丽的花卉。同样，1980 年，美国人也利用中美合作考察湖北神农架的机会，再次从中国引种大量的花卉园艺植物。而 1995 年，瑞士学者施耐贝利－格拉芙（R. Schneebeli-Graf）则以《中国——花的国度》（*Blütenland China*）一书介绍中国的花卉。2010 年，美国一位植物学家写道："20 年来在中国乡下活跃的收集表明，现代中国仍然是'园林之母'。"

上述事实表明，原产中国的众多园林花卉和观赏植物，无论是早期颇为西方人青睐并不遗余力地从中国东部引进的菊花和月季，抑或后来威尔逊等从中国西部深山引出的"鸽子树"和众多的百合，以及高山名花杜鹃、报春、绿绒蒿，乃至茶花等，都曾不断地为西方乃至世界园林和环境美化做重大贡献。当然也给我们留下许多值得思考的东西。

✳ 红鲫蜕变记

作为一种广泛养殖的观赏鱼类，金鱼装点了庭园，美化了居室，给人们的日常生活带来了极大的乐趣。中国古人培育出来的这种“玩宠”，与盆景一样，体现了中华“传统艺术”的一个重要方面。而遗传学家对它的历史研究，不但有趣，而且引人入胜。

杭州渐成名

金鱼的前身是野生红鲫鱼。它出没于中国南方的山溪和江河沼泽。红鲫鱼与众不同的靓丽身姿、娇艳的颜色，很早就吸引了人们的注意。不过，虽说中国至晚在西周时已经开始养殖观赏鱼类，但当时的文献中并未记下具体为哪种鱼。中国最早记载红鲫鱼的文献是梁代任昉的《述异记》。书中提到东晋将领桓冲（328—384）任江州刺史时，派人巡视庐山，看到湖中有“赤鳞鱼”，也就是红鲫鱼。

大约在北宋初，一些达官贵人已经开始养殖红鲫鱼作为宠物观赏。据《方舆胜览·嘉兴府》等书记载，开宝年间（968—976），嘉兴刺史丁延赞曾在城外的池塘中养殖金鲫鱼。后来，他的养鱼池又被改成放生池，这里的红鲫鱼逐渐成为一种重要的观赏鱼类——金鱼，这个养鱼池似乎又称金鱼池。可能从那时起，红鲫鱼开始家化的育种研究。《方舆胜览》还记载，宋代官员令狐挺（991—1058）在嘉兴建“月波楼”，楼下有“金鱼池”。

金鲫鱼

郑獬在《月波楼》诗中写下“谁把金鱼破清暑”的诗句。而南宋时期的《嘉禾百咏》“附考”中，直接将丁延赞发现红鲫鱼的地方说成月波楼下的“金鱼池”。宋代还有其他一些地方养金鱼，著名画家文同《普州三亭·东溪亭》诗中有“萍荇翻金鲫”，说明四川一些庭园也放养金鲫鱼。

杭州西湖风景旖旎秀丽，大约从唐代开始就是一个适宜休闲享乐的场所，否则也不会出现白居易“未能抛得杭州去，一半勾留是此湖”这样情意缠绵的诗句。后来，南宋小朝廷偏安一隅，“直把杭州作汴州”，把这里当作都城似乎也在情理之中。这里的安逸繁华，也促使其成为金鱼早期主要的驯化地点。宋初时，六和塔寺后面放生池中就放养红鲫鱼。苏舜钦曾在《六和塔寺》诗写下：“沿桥待金鲫，竟日独迟留。”与此同时，西湖南屏山净慈寺对面有一兴教寺池，池中也放养金鱼。北宋惠洪的《冷斋夜话》记载：“西湖南屏山兴教寺池，有鲫十余尾，金色，道人斋余，争倚槛投饵为戏。”著名学者苏东坡在杭州任知州时，非常喜欢观赏这种美丽的小鱼，曾写下“我识南屏金鲫鱼，重来拊槛散斋余”的诗句。由此可知，金鲫鱼是一种比较原始的金鱼种类。

到了南宋，养殖之风盛行，皇帝和达官贵人都饲养金鱼以为观赏。杭州城已经出现了一些著名的金鱼品种。《武林旧事》记载，宋高宗赵构在自己的宫殿里修建了“金鱼池”，无疑为赏玩金鱼而建。这种寺庙养生池放养之鱼，开始进入殿堂。随后，官僚、有钱人纷纷仿效，建池养金鱼。上层人士的钟爱，推动了养殖和育种技术的发展。岳珂《桯史》卷十二记载：“今中都有豢鱼者，能变鱼以金色，鲫为上，鲤次之。贵游多凿石为池，置之檐牖间，以供玩。问其术，秘不肯言，或云以阛市洿渠之小红虫饲，凡鱼百日皆然。初白如银，次渐黄，久则金矣，未暇验其信否也。又别有雪质而黑章，的皪若漆，曰玳瑁鱼，文采尤可观。……不止二种。惟杭人能饵蓄之。”说明杭州出现了养金鱼的专业人士。他们掌握养金鱼和育种的专门技术，能通过人工培育，促成变异，获得新种。文中的“小红虫”，应该就是现在依然用于喂鱼的饵料——水蚤。

南宋介绍杭州风土人情的《梦粱录》一书记载：“金鱼，有银白玳瑁色者……今钱塘门外，多畜养之，入城货卖，名鱼儿活。”这里的“鱼儿活”就是以养金鱼谋生的人们。竟然有人靠养金鱼为生，可见金鱼有相当的市场，同时也说明这种美丽的观赏鱼深受大众的喜爱。有了市场，也就促进了育种。上述的银白和由红白黑斑相间构成所谓玳瑁色等的品种，正是在满足人们对花色品种需求中出现的。

盆养促变异

到元代的时候，养殖金鱼的习俗进一步从南方传到北方。人们已经掌握完善的金鱼繁殖技术，金鱼的饲养在各地也越来越普遍。明代中晚期的时候，随着金鱼逐渐由池养改为盆养，更多人家有条件养殖这种观赏鱼，无形中使金鱼的饲养得到进一步推广和普及。据郎瑛《七修类稿》卷四十一所记，当时杭州风行养金鱼，“人无有不好，家无有不蓄。竞色射利，交相争尚。多者十余缸”。私人养殖的规模十分可观。同一时期，杭州官员张瀚的《鱼异记》也记下:“数年来吾郡人多畜鱼盂中，其种鲫也大抵多赤，俗呼为火鱼。其间有若鹤顶破玉，红颊白喙，朱鬣素尾，阳背阴腹，称名不一，皆号为奇品，尤加意焉。水伺其清浑，食喂以鲜好，时时察其饥饫，审其凉燠。盈寸以上，便可盛以金玉，登诸几案。客至出相夸视以为娱。甚者一头千钱，不独里闬少年好事为之，缙绅士亦往往而有。”[①] 似乎新奇品种不少，已经是杭州一种需要细心照料的高价宠物。

盆养也使金鱼的生活条件发生了很大的变化，最显著的是金鱼的活动空间变小，加上人工喂养而没有觅食和逃避敌害的生存竞争。外部环境的这种变化使它们的

① 明文海，卷347，记21。

游动变得缓慢，形体开始变得短粗、腹部膨大，大多数鳍尤其是尾鳍变得宽大而分叶，适于在静态的环境中保持平衡。另外，环境变化的刺激还使鳞片的色素细胞发生了变化，分化成不同的彩色。当然，盆养还有利于人们更加方便地进行人工选择，使金鱼原先的一些优良特质得以更好地保存下来，为培育更多观赏价值高的金鱼新品种创造良好条件。

鱼身变短粗，鱼尾和鱼鳍变大的金鱼

明屠隆的《金鱼品》提到不少金鱼品种，还说当时人们“初尚纯红、纯白。继尚金盔、金鞍、锦被及印头红、裹头红、连腮红、首尾红、鹤顶红、若八卦、若骰色。又出赝为继，尚黑眼、雪眼、珠眼、紫眼、玛瑙眼、琥珀眼、四红至十二红，甚有所谓十二白，及堆金砌玉、落花流水、隔断红尘、莲台八瓣，种种不一。……至花鱼，俗子目为癞。不知神品都出是花鱼，将来变幻可胜记哉；……第眼虽贵于红凸，然必泥此，无金鱼矣。”“如蓝鱼、水晶鱼，自是陂塘中物。……若三尾、四尾、品尾，原系一种，体材近滞；而色都鲜艳。可当具足，第金管尾。银管，广陵、新都、姑苏竞珍之。”品种可谓多姿多彩，后世人们钟爱的五花、双尾、双臀鳍、凸眼、短身等品种在那一时期均已出现。

文震亨《长物志》在谈到苏州金鱼的时候提到“朱鱼”，朱鱼也叫硃砂鱼。张谦德在《硃砂鱼谱》(1596)中说：“吴地好事家，每于园池齐阁胜处，辄蓄硃砂鱼，以供目观。余家城中，自戊子迄今所见不翅数十万头。……有白身头顶硃砂王字者，首尾俱朱、腰围玉带者，首尾俱白、腰围金带者，半身硃砂半身白及一面硃砂一面白作天地分者，满身纯白背点硃砂界一线作七星者、巧云者、波浪纹者，满身硃砂皆间白色作七星者、巧云者、波浪纹者，白身头顶红珠者、药葫芦者、菊花者、梅花者、硃砂身头顶白珠者，白身珠戟者、朱缘边者、琥珀眼者、金背者、银背者、金管者、银管者、落花红满地者，硃砂白相错如锦者，种种变态，难以尽述。”书中介绍金鱼的育种经验时，这样写道：“蓄类贵广，而选择贵精。须每年夏间市取数千头，分数十缸饲养。逐日去其不佳者，百存一二，并作二三缸蓄之。加意培养，自然奇品悉具。”这种大规模的精心选择，使新的金鱼品种不断涌现。明晚期，李时珍在《本草纲目》中指出，金鱼是当时“处处人家养玩”的宠物。

新品种的涌现和原理的探求

清代金鱼的养殖和育种又有进一步的发展。清初陈淏子的《花镜》记载:“园池惟以金鱼为尚……今多为人养玩，而鱼亦自成一种，直号曰金鱼矣。大抵池沼中所畜有色之鱼，多鲤、鲫、青鱼之类。有名金鱼，人皆贵重之。不亵置于池中，惟石城以卖鱼为业者，多畜之池内，以广其生息。”当时人们在园林中常养金鱼。社会上也流行用缸养金鱼赏玩。所以称为“金鱼”，就是贵重的意思。书中提到的品种也不少，其中有“鱼以三尾五尾，脊无鳞而有金管银管者为贵。名色有金盔、金鞍、锦被及印红头、裹头红、连鳃红、首尾红、鹤顶红、六鳞红、玉带围、点绛唇，若八卦、若骰子点者，又难得。其眼有黑眼、雪眼、珠眼、紫眼、玛瑙眼、琥珀眼之异。身背有四红至十二红，十二白，及堆金砌玉，落花流水，隔断红尘，莲台八瓣，种种之不一，总随人意命名者也。”学者姚元之（1776—1852）的《竹叶亭杂记》卷八引用了另一官员宝奎的记载，当时已经将金鱼分为四类，即草种鱼、文种鱼、龙种鱼和蛋种鱼。草种鱼是最古老的一类，通常体色橙黄，具有成对的臀鳍和尾鳍。文种鱼的主要特征是身体短圆，头平而狭，眼与一般的鲫鱼没有差别，背鳍高耸，尾鳍长而大，臀鳍和尾鳍皆成双叶。珠鳞和高头的品种就是由文种鱼演化而来的。龙种鱼是最常见的一类，它的主要特点是眼球膨大而突出于眼眶之外，像古代传说中龙的眼睛。蛋种鱼的主要特点是没有背鳍，体形短圆似鸭蛋。

迄 19 世纪，人们已经在金鱼人工选择方面积累了更多的经验。清代句曲山农在《金鱼图谱》(1848) 指出“咬子时雄鱼须择佳品，与雌鱼色类大小相称”，说的是要选择好的雄鱼用于育种，而且性状大小方面要与雌鱼相称，这样才能提高育种效果。从 1848 年到 1925 年短短的 70 多年中，人们又培育出黑龙眼、狮头、鹅头、望天眼、水泡眼、绒球、翻鳃、球鳞等许多新品种。近年来，新的品种还在不断增多，现在各地的金鱼品种已达数百个。

金鱼从 16 世纪的时候开始外传。1502 年，中国金鱼传入日本，1611 年传入葡萄牙。1728 年的时候，金鱼在荷兰人工繁殖成功，很快进一步在欧洲其他地方传播开来，不久，金鱼又传到美洲。现在金鱼凭着艳丽的

狮头金鱼

色彩、可爱的外形、翩若惊鸿的游姿受到各地人们的喜爱，成为世界许多国家人民喜闻乐见的观赏动物。1855年，俄国鱼类学家巴西列夫斯基（Stephano Basilewsky）发表的《中国北方的鱼类》也介绍了中国的金鱼。值得一提的是，19世纪英国著名生物学家达尔文曾在其《物种起源》《动物和植物在家养条件下的变异》等著作中，介绍过中国对人工选择及变异理论的重要贡献。其中，《物种起源》一书里提到中国古代的金鱼人工选择过程和原理。换言之，它为达尔文的“人工选择理论”提供了重要论据。

金鱼性情温和，在分类学上与鲫鱼（*Carassius*

日本《日东鱼谱》(1719)中的金鱼图

《中国北方鱼类》中的红鲫鱼和金鱼(底层)插图

auratus）同属一种，适宜在温度 18 ～ 26℃、偏弱碱性的水中生活。中国动物遗传学家、生物学史研究的开拓者陈桢教授从 1923 年开始将金鱼作为遗传学的研究材料。他在金鱼的发展进化、体色的基因控制等方面，取得可喜的成就，发表了《金鱼家化史与品种形成的因素》等多篇论文，认为金鱼品种的形成，符合孟德尔遗传规律。它是人们在适宜的生活条件下，进行人工选择的结果，仅用突变不能说明上述不同家化历史过程中品种形成的不同速度。现在仍有学者在继续进行其发展演化的遗传学研究，期望能对揭示生命进化方面有新的贡献。

近代著名学者胡怀琛[①]曾写过《金鱼谱》。其开篇明义写道："余有静癖寡尘，好虚窗短几，惟鱼鸟之可亲。玩物丧志，迂腐之难免。"从寺庙的养生池，到大江南北的达官贵人的园池、瓷缸，金鱼的演化充分证明，胡先生上面的表述虽是谦辞，却也道出这是有闲情逸致者的"创作"，和带有中国特色的盆景一样，是一种有利身心的休闲艺术，还使古人在遗传变异方面有不少新的认知。

① 著名科技史专家胡道静先生之父。

※鹤鸣九皋

古人钟爱的观赏动物

鹤自古以来就是国人钟爱的大型美丽水鸟，其中尤以丹顶鹤最受青睐。丹顶乌颈，通体洁白带些黑色的悦目色彩，窈窕的体态，婀娜的身姿，优雅的舞步和高亢的啼声，飞翔时飘逸的神韵，使其成为人们心目中的“仙鹤”。

早在西周时，鹤的幽雅生境和清澈激越的啼叫声，就引起了人们的注意。《诗经》中有：“鹤鸣于九皋，声闻于野。……鹤鸣于九皋，声闻于天。”意思是，鹤在弯曲的沼泽中啼叫，嘹亮的叫声闻于天际。诗人对鹤鸣叫的夸张描述，不难想见其在人们心目中的地位。鹤的形态是那样优雅，叫声又如此高亢，很早就成为人们喂养的观赏动物。

古人在园林中豢养珍禽的历史非常悠久，鹤无疑是最早被养护的种类之一。《诗经·大雅·灵台》有云：“王在灵囿……麀鹿濯濯，白鸟翯翯。”这表明，

《清宫鸟谱》中的丹顶鹤图

3000 多年前人们已经在园囿中放养鹿和“白鸟”，这里的白鸟很可能就是羽毛洁白的鹤。到了春秋时期，这种美丽的水鸟更是被大规模养殖。

《左传 · 闵公二年》记载，公元前 600 多年，骄奢淫逸的卫懿公痴迷鹤的素雅洁白、形态优雅、能鸣善舞而大量豢养，来献鹤的人都有重赏。结果四方百姓到处抓捕罗致，争先进献。其宫廷苑囿，到处都养鹤，数以百计。后来有人这样描绘当时养鹤的场景，“八风舞遥翮，九野弄清音。一摧云间志，为君苑中禽”。不务正业的卫懿公也因此亡国丧命，成为后世常用来警示人们不可玩物丧志的著名典故。

不过，卫懿公的悲催下场并未消减后人对这种珍禽的喜爱。《三辅黄图》《西京杂记》等书记载，西汉梁孝王营造兔园时，在园中设立了一处“雁池”，其中养着丹顶鹤和野鸭等水鸟。有诗人为此写下《鹤赋》，称:“白鸟朱冠，鼓翼池干。举修距而跃跃，奋皓翅之㧿㧿。宛修颈而顾步，啄沙碛而相欢。……方腾骧而鸣舞，凭朱槛而为欢。”文中的“白鸟朱冠”应该就是丹顶鹤。作者以生动的笔触，形象地描绘它形态的优雅和舞步的多姿。三国时期，博物学家陆机在《毛诗草木鸟兽虫鱼疏》一书更是提到，当时东吴士大夫中普遍养鹤。

南北朝时期的《世说新语·言语》记载了这样一个故事。东晋僧人支道林喜欢鹤，有人送他一对雏鹤，鹤长大了想飞走。他舍不得，就将鹤的翅膀剪掉，结果这两只鹤终日郁郁寡欢，无精打采。这个僧人不禁感慨道:“既有凌霄之姿，何肯为人作耳目近玩！”于是在鹤的翅膀重新长好时将它们放飞。可见当时不但有钱人养鹤，一些名流僧侣也将养鹤当作高雅的娱乐爱好。

养鹤这种爱好，一直在王公贵族、名人隐士中盛行。

唐代的皇家园林曾经养鹤。唐太宗李世民《喜雪》写道："蕊间飞禁苑，鹤处舞伊川。"唐玄宗也有"太液池中下黄鹤"的诗句。唐代名流养鹤的不少。著名诗人白居易也曾在自己的园林中豢养丹顶鹤。他的《池上篇（并序）》有："灵鹤怪石，紫菱白莲，皆吾所好，尽在我前。"其《池鹤》更是生动地写道："高竹笼前无伴侣，乱群鸡里有风标。低头乍恐丹砂落，晒翅常疑白雪消。"当然，历史更著名的养鹤人还数宋代的隐士林逋。史书记载，他无意仕途，在孤山上种了大片的梅花，养了两只鹤，过着平和澹泊的日子，人称其"梅妻鹤子"。清代园艺家陈淏子对养鹤的感观和乐趣做了记述。其在《花

唐代《仕女簪花图》所绘丹顶鹤

镜》中写道，鹤“有时雌雄对舞，翱翔上下，宛转跳跃可观”，描述鹤雌雄翩跹起舞、上下翻飞的曼妙场景，非常具有画面感。清代皇家园林也养鹤，乾隆还为此写下《咏鹤二首》。

古人对鹤的认识

在养鹤的同时，人们通过长期的观察，很早就掌握丰富的关于鹤的形态和生活习性的知识。秦始皇陵出土的青铜鹤，形态逼真，可以看出当时艺术家对鹤的形态相当了解。三国时，陆机有如下记述：“鹤形状大如鹅，长脚，青翼，高三尺余，赤目赤颊，喙长四寸余，多纯白，或有苍色。苍色者今人谓之赤颊。常夜半鸣，故《淮南子》曰：‘鸡知将旦，鹤知夜半。’其鸣高亮，闻八九里。雌者声差下。今吴人園囿中及士大夫家皆养之。”不仅描述了丹顶鹤的形态，也提到了它的一些习性。文中的“赤颊”可能是其观察不细之误。东晋末年，刘道规《鹤赋》对丹顶鹤有更形象的描述：“其状也，组络颈而成饰，赪点首以表仪，羽凝素而雪映，尾舒玄而参差，趾象虬以振步，形亚凤以擅奇。”点出它脖子有黑色，头顶红色，羽毛白而尾（翅羽）黑。西晋时，周处《风土记》

记载:“鸣鹤戒露。此鸟性警，至八月白露降，流于草上，滴滴有声，因即高鸣相警，移徙所宿处。”记述了丹顶鹤迁徙到南方草滩的时间以及性机警等特征。

到宋代，人们在驯鹤方面已经积累了相当的心得。林洪《山家清事·相鹤诀》记载:“欲教以舞，俟其馁而置食于阔远处，拊掌诱之，则奋翼而唳，若舞状。久之，则闻拊掌而必起，此食化也。”说明当时人们利用喂食的条件来诱导鹤起舞鸣叫的条件反射。《相鹤经》则记载养鹤的要点在于:“养以屋，必近水竹。给以料，必备鱼稻。”指出养殖地点要近水竹，饲料为鱼和水稻。

通过长期养殖和观察，人们发现这种珍禽不但漂亮，而且长寿。实际上，鹤的平均寿命达五六十岁，比古人的平均寿命长。最早关注到鹤长寿的史籍，似乎是汉代《淮南子·说林训》，书中提到:“鹤寿千岁，以极其游。”虽然夸张，但它作为一种长寿的动物被后世认可并不断传扬。东晋时期博物学家郭璞《游仙诗》有:“借问蜉蝣辈，宁知龟鹤年。”以“朝生暮死”的短命昆虫蜉蝣，来衬托长命的龟和鹤。唐代大臣和诗人李峤也在《鹤》诗中称道:“翱翔一万里，来去几千年。”这种表述，常见于后世诗词中。宋代学者朱敦儒则认为:“鹏万里，鹤千岁。”同一时期，诗人李弥逊这样写道:“瘦鹤与长松，且伴臞仙，久住人间世。”

古人描述鹤时，常将它与华亭联系在一起。华亭指上海华亭谷。这表明，当时的人们已经注意到长江下游的松江西是丹顶鹤的栖息地（越冬地）。一个非常著名的例子是：南北朝时期《世说新语》记载了著名文学家陆机为人陷害被杀，临刑前感叹“今欲闻华亭鹤唳，不可复得”，表达自己再也听不见华亭鹤鸣的遗憾。后世就以“华亭鹤唳”来形容对生的眷恋。

丹顶鹤这个名称见于北宋时期诗人王禹偁的《献转运副使太常李博士》，其诗曰：“养成丹顶鹤，瘦尽雪花骢。”

鹤与传统文化

大约在东汉的时候，随道教的兴起，一些道教徒开始根据丹顶鹤的形态特征和习性编出一套理论，将鹤加以神化。《淮南八公相鹤经》（约成书于魏晋南北朝时期）曰：“鹤者，……千六百年形定。体尚洁，故其色白；声闻天，故其头赤；食于水，故其喙长；轩于前，故后指短；栖于陆，故足高而尾凋；翔于云，故毛丰而肉疏；大喉以吐故，修颈以纳新，故生天寿不可量；是以行必依洲屿，止不集林木，盖羽族之宗长，仙家之骐骥也。”

从那时起，丹顶鹤被视为百鸟之王、仙人的坐骑。这种美丽、长寿又能高飞的珍禽被这些人誉为“仙禽”，或直接称作“仙鹤”。不断有人开始编撰仙人骑鹤的故事。

东汉末年，文学家王粲（177—217）在《白鹤赋》中赞美道：“白翎禀灵龟之修寿，资仪凤之纯精。接王乔于汤谷，驾赤松于扶桑，餐灵岳之琼蕊，吸云表之露浆。”将鹤与长寿的灵龟、吉祥的凤凰相提并论，说它是仙人王乔、赤松的座驾，是不食人间烟火，以琼蕊、露浆为生的精灵。《列仙传》《拾遗记》中也有仙人骑鹤的故事。刘宋时期的文学家鲍照《舞鹤赋》更用夸张的笔调写道：“伟胎化之仙禽。……精含丹而星曜，顶凝紫而烟华。……叠霜毛而弄影，振玉羽而临霞。……厌江海而游泽，掩云罗而见羁。……唳清响于丹墀，舞飞容于金阁。”通过丰富的想象附会了丹顶鹤的形态和习性之缘由。其后，梁简文帝（503—551）在《三日曲水诗序》中写道：“游云驻彩，仙鹤来仪。”南北朝诗人庾信的古诗《奉和夏日应令诗》也有：“愿陪仙鹤举，洛浦听笙簧。”鹤成为道教“仙风道骨”和“飞升”的象征，既是仙人的坐骑，也是仙人的化身。王沂在《鹤野为述律存道赋》写道：“常为仙人驾，云上乘刚风。”

道教与鹤的关系是如此密切，以至于道袍因绣有仙鹤而称为“鹤氅”。这种鹤氅开始可能只是一种时装，东晋的官员曾经穿过。一天到晚梦想着得道成神仙的唐代诗人李白，在其《江上答崔宣城》写下："寻仙下西岳，陶令忽相逢。……貂裘非季子，鹤氅似王恭。"徐夤也有"披缁学佛应无分，鹤氅谈空亦不妨"。道士得道成仙称为"羽化""驾鹤西归"。王韶之《神镜记》有传云："昔夫妇俱隐此，年数百岁，化成此鹤。"任昉的《述异记》也有这类传说的记述。道教的仙鹤说也影响了传统的官服图案，明清时期，一品文官服上绣仙鹤，二品绣的是锦鸡。可见丹顶鹤的地位之高。

湖北武汉有一座声名显赫的黄鹤楼。传说这里曾有仙人骑鹤飞升，后人便在此建黄鹤楼。这里诞生了一首被誉为唐人"七律之冠"之诗，即崔颢的《黄鹤楼》。诗云："昔人已乘黄鹤去，此地空余黄鹤楼。黄鹤一去不复返，白云千载空悠悠。"后来的"杳如黄鹤""白云黄鹤"都源于此诗。据说正是这首诗令当时的"顶流"李白对黄鹤楼前的美景搜索枯肠干瞪眼，哀叹："眼前有景道不得，崔颢题诗在上头。"而今，黄鹤楼已成为武汉地标性建筑，也是江南三大名楼之一。

古人对鹤的推崇，在传统文化中留下了深刻的烙印。丹顶鹤即仙鹤，自然是高洁（传统文化中推崇的品格）的象征。三国时曹植《白鹤赋》写道："嗟皓丽之素鸟兮，含奇气之淑祥。"以鹤来形容自己的善良和端庄品行。唐代诗人刘禹锡似乎也非常喜欢鹤。他的《秋词》写道:“晴空一鹤排云上，便引诗情到碧霄。”宋代著名学者苏轼《放鹤亭记》认为鹤“盖其为物，清远闲放，超然于尘埃之外，故《易》《诗》以比贤人君子”。

汉语中有许多与鹤关联的成语。著称的如：鹤发童颜，形容老人的头发像鹤的羽毛似的，很白，却有孩童般的容颜，以此形容老人气色好。鹤立鸡群，鹤体修长高俊，以此来形容仪表或才能在一群人中特别突出（出类拔萃）。《竹林七贤论》有“嵇绍入洛，或谓王戎曰：昨于稠人中始见嵇绍，昂昂然若野鹤之在鸡群”。闲云野鹤，指生活闲散，行事洒脱，不为世俗羁绊的人。而“风声鹤唳”则被用来形容惊慌失措、自相惊扰。此外，为人熟知的还有焚琴煮鹤、梅妻鹤子、鹤鸣九皋、龟鹤遐龄、断鹤续凫，等等。

鹤被道教捧得很高，又是长寿的象征，因此很早就是传统雕塑和绘画的主要题材。丹顶鹤常与松树、鹿绘在一起，用于表现长寿的寓意，美名“松鹤长春”。在秦始皇帝陵区的青铜水禽坑出土了栩栩如生的青铜鹤。据说唐代画家薛稷以画鹤著称。现在能看见的较早的鹤图是唐代《簪花仕女图》。宋代宋徽宗赵佶的《瑞鹤图》、明代边景昭的《雪梅双鹤图》都是非常著名的历史名画。明代才子解缙在《题松竹白鹤图》中写下:“丹砂作顶

明边景昭《雪梅双鹤图》

耀朝日，白玉为羽明元裳。”清代，乾隆时期编绘的《清宫鸟谱》也有形象逼真的丹顶鹤。

近现代鸟类学者对鹤的记述

鹤在广袤的神州大地种类繁多。它们中有栖息于开阔草原地区的蓑羽鹤，也有栖息于青藏高原及周边地区的黑颈鹤，还有栖息其他地域的白鹤、灰鹤等，最为人熟知的就是丹顶鹤。它是东亚特有种，除中国外，俄罗斯远东地区、朝鲜半岛和日本北部地区也有分布。丹顶鹤主要栖息于芦苇沼泽或湿地草甸中，在东北三省和内蒙古东北部的湿地中繁殖，以软体动物和鱼类为食，偶尔也吃些杂草种子。迁徙时可见于中国广大的东部地区，常在山东的黄河三角洲和长江下游的江苏盐城沿海滩涂等地越冬。这也是这种姿态优美的珍禽很早就被古人关注的缘故。

自从林奈建立起近代的动植物分类系统后，这种水鸟很快就受到西方博物学家的关注。1776 年，德国动物学家、埃朗根大学教授穆勒（Philipp Ludwig Statius Müller）根据来自日本的标本将丹顶鹤命名为 *Grus japonensis*。不久，法国艺术家马丁内特（F. N.

Martinet）在其《鸟类学：鸟类志》（*Ornithologie : Histoire des Oiseaux*）中发表了一幅生动的丹顶鹤插图。19 世纪中叶，法国驻华外交官蒙蒂尼（L. C. N. M. Montigny）从中国带了一些丹顶鹤活体回国。英国动物学家郇和（R. E. Swinhoe）编的中国近代第一本《中国的鸟类目录》修订本记载了 6 种鹤，分别是灰鹤（*Grus grus*）、白头鹤（*G. monachus*）、赤颈鹤（*G. leucauchen*）、丹顶鹤（*G. viridirostris*）、白鹤（*G.*

马丁内特书中的丹顶鹤插图

leucogeranus)、蓑羽鹤(*G. virgo*)。[①] 法国动物学家谭卫道和奥斯塔莱特(Émile Oustalet)合编、于1877年在巴黎出版的《中国的鸟类》(*Les Oiseauxde la Chine*),收录6种鹤,分别是灰鹤、白头鹤、白枕鹤(*Grus vipio*)、丹顶鹤和蓑羽鹤等[②]。其实在此书出版的前一年,黑颈鹤的学名已由俄罗斯动物学者描述、定名和发表,但该书还未来得及收录。1917年,由美国生物学家祁天锡(N. Gist Gee)等编撰的《长江下游鸟类检索表》(*A Key to the Birds of the Lower-Yahg-lse Valley*),收录了灰鹤、丹顶鹤、白头鹤、蓑羽鹤、白鹤。

中国鸟类学家从20世纪30年代开始对国内的鸟类有较多的研究,对鹤类的了解也在不断深入。如今,丹顶鹤是中国一级保护动物,国内设立了黑龙江扎龙、内蒙古达里淖尔、江苏盐城等多个自然保护区,对这种珍禽进行良好的保护。愿这种美丽的鸟儿能在国人的悉心呵护下,更好地生存和发展,在东部大河港湾和沿海浅滩纵情歌舞,在与万物众生共奏优美和谐的自然交响乐章中领唱;在祖国的蓝天欢快翱翔;与白云、朝霞和青山绿水交织成色彩缤纷、惬意祥和而充满生机的神州乐园。

① SWINHOE R A. A Revised Catalogue of the Birds of China and its Islands, with Descriptions of New Species, References to former Notes, and Occasional Remarks [J]. Proceedings of the Zoological Society of London, 1871: 337-423 (402-403).

② DAVID A. et OUSTALET ME. Les Oiseauxde la Chine [M]. Paris: Libraire de L'académie Médecine, 1877: 434-436.

※ 熊猫往事

传教士深山掘宝

中国特有动物大熊猫（*Ailuropoda melanoleuca*），以其黑白分明的颜色、自带喜感的浑圆身形和憨态可掬、朴拙呆萌的形象赢得世人喜爱，成为当今世界少有的"萌宠"顶流。人们对"花花""萌兰""福宝"等如醉如痴的疯狂喜爱充分表明了这一点。但人们或许并不知晓它们在近代经历过怎样的摧残和劫难，最终引起有识之士的关注和国人的保护，才逐渐走出困境得以存留。

大熊猫栖息于中国川西邛崃山脉、川北和甘南岷山山地及陕西秦岭山区等地箭竹林中。这种古老的孑遗动物大概以为隐居在西部深山老林的清凉世界中，就能过自己与世无争的安逸生活。实际上，在很长一段时间里的确如此。毕竟它们生活的地方山高路险，人迹罕至。另外，它们行踪神出鬼没，毛皮又粗，经济价值不高，周边的猎手很少去打搅这种当地人称之为"白熊"或"花熊"的动物。

世事难料，没想到它们的宁静生活于19世纪中叶被远道而来的“洋和尚”打破。1869年3月初，法国传教士、博物学家谭卫道在一些博物学者的引介下，到川西的穆坪（今宝兴）收集动植物标本。宝兴地处横断山脉东段的邛崃山系，为青藏高原向四川盆地过渡地带。这里到处沟壑纵横，层峦叠嶂，丛林密布，不仅风景非常壮美，也是中国动植物区系最丰富的地区之一。在当地猎手的帮助下，这位传教士很快收集到大量珍贵的动植物标本。

1869年3月11日是谭卫道终生难忘的日子。当天，在被邀请到一个姓李的地主家歇息时，这个目光如炬的传教士无意中看到主人家陈设的黑白花纹的大熊猫皮。很显然，这是一个令人耳目一新的种。他急不可耐地打听这种兽类的来源。当同行的猎手告知他很快将能得到它的标本时，他感觉喜从天降。10多天过后，正如猎手们许诺的那样，谭卫道得到第一只年幼的大熊猫标本。不久，猎手们又给他送来一只成年的大熊猫标本。这个法国传教士将标本送回去，经巴黎大学理学院动物学家米尔恩－爱德华（Henri Milne-Edwards）描述发表之后，立即在西方引起轰动，因为这是一个西方前所未闻的新种，在动物区系学上有非同寻常的意义。很多西方国家都想方设法收集这种珍奇兽类标本。

米尔恩－爱德华所绘大熊猫图

继法国人之后得到大熊猫标本的是俄国人。1894 年前后，俄国博物学者贝雷佐夫斯基（M. M. Berezovsky）在甘南和川北的岷山山地收集动植物标本时，也曾收集到大熊猫的标本带回。此后，又有多个大熊猫的标本陆续被英国、德国等国家的动物学研究机构收藏。相对而言，在 20 世纪 20 年代以前，大熊猫种群受到的猎捕和干扰比较有限。大熊猫受大规模劫掠是从美国人的狩猎和英、美商人的倒卖开始的。

因珍稀祸起萧墙

1928年，一支由罗斯福兄弟（Theodore & Kermot Roosevelt）率领的考察队到中国西南的川西等地采集动物标本。这兄弟俩是美国前总统西奥多·罗斯福（老罗斯福 Theodore Roosevelt）之子，其中K. 罗斯福是著名的猎手。考察队成员中有在夏威夷出生的华裔杨杰克兄弟，还有摄影师卡廷（Suydam Cutting）等。这些人的主要目标是寻猎大熊猫。他们从缅甸经八莫进入中国云南的腾越（腾冲）后，往北到了大理，继续往北过金沙江进入四川，一直到川西重镇打箭炉（康定）。他们在打箭炉没能发现大熊猫之后，又往东北方向到以前谭卫道弄到标本的宝兴一带寻猎，但都未能如愿。失望之余，他们准备放弃这一目标，往东南方向进发，经宁远府（西昌）返回云南。途中经过冕宁县北部的时候，终于在冶勒遇到一只大熊猫，并将它射杀。这是西方人首次亲手猎获此种珍稀动物。随后当地的猎手又帮他们猎得另一只大熊猫做标本。1929年3月，他们还在宝兴以北30余公里的一个地方搜索到金丝猴群，射猎了大小共11只金丝猴。此外，他们还收集到水鹿等大量其他兽类标本。据说他们此行花费了10万美元，足见他

罗斯福兄弟书中的大熊猫插图

们对猎取这种珍稀动物的强烈渴望和浓厚兴趣。[①] 罗斯福兄弟在中国射杀大熊猫并于 1929 年出版名为《追寻大熊猫》[②] 的游记后，激起了不少西方人到川西亲手猎取此种珍稀动物的强烈欲望。后来美、英等国不少探险队到这一地区的活动都以收集和狩猎大熊猫为主要目标。

随着带到西方的标本不断增多，西方人想亲眼看见活的这种可爱动物的欲望日益强烈。1935 年，美国纽约布隆克斯动物园派出一位名为哈克尼斯（W. H. Harkness）的猎手来华，让他到川西设法弄一只活大熊猫回去展览。哈克尼斯具有捕捉野生动物的丰富经验，曾为该动物园收集过科摩多巨蜥，来华前已是一位颇具声望的探险家。来华后，他找到英国标本商史密斯（F. T.

① 美国哈克莱夫人在华所获白熊申请出口案。中国第二历史档案馆（南京），全宗号 393；案卷号 518-6.

② ROOSEVELT T, ROOSEVELT K. Trailing the Giant Panda [M]. New York: Blue Ribbon Books, 1929: 1-278.

Smith）和洛塞尔（W. M. Russell）作为助手。不过，哈克尼斯命运多舛，到上海后，未及动身前往四川即突发疾病，不久颓然死去。

1936 年，哈氏的遗孀为完成丈夫未竟的事业，启程来华。她在上述华裔杨杰克兄弟的带领和安排下，到了川西汶川境内的映秀，寻购活体大熊猫。很快，杨氏兄弟帮她得偿所愿，寻来一只出生约三个星期的大熊猫幼崽。[①]

这个美国妇女在川西偷捕大熊猫的行为，当时曾有人向中央研究院的办事处反映，进而由院里通知当时动植物所所长，告知事情的始末。因为这是西方人首次在华捕获活的大熊猫幼崽，兹事体大，海关已经予以扣留，征求作为具体主持处理这类事务的动植物所的意见。[②]随后中央研究院就此事呈请政府干涉，禁止放行，无奈未能成功。最终，这只大熊猫被允许放行，于 1936 年的 12 月初被带出国。当时人们估价这只珍贵的动物价值在 2.5 万美元左右。

这只大熊猫被带到美国后养在芝加哥的布鲁克菲尔德（Brookfield）动物园。这是大熊猫活体首次从中国带出。为了对杨氏兄弟表示感激，这只当时被认为是雌性的大熊猫被冠以杨杰克妻子的名字——苏琳（Su-lin）。有趣的是，后来人们发现这只大熊猫实际上是雄性。因

① 美国哈克莱夫人在华所获白熊申请出口案［A］. 南京：中国第二历史档案馆. 中央研究院档案，全宗号 393，案卷号 518.

② 同①.

为幼年大熊猫的性别区分比较困难，造成了美国人的误解。洛塞尔后来于 1937 年初在川西的汶川一带旅行时，从当地的猎人手中买了一只饲养过一段时间的幼年大熊猫，由于调养不善，后来被打死制成标本带到美国。

放行活体大熊猫出境开了很恶劣的先例。苏琳被美国动物园展出后，颇受美国大众的喜爱。那位美国妇女在倒卖大熊猫的交易中尝到甜头后，更是欲罢不能。在其后的一年多里，她接二连三地跑到中国川西，收购了不下 5 只大熊猫幼崽，倒卖给芝加哥的布鲁克菲尔德动

苏琳

物园和纽约的布朗克斯动物园。[①] 而一直关注首次被捉大熊猫去留的英国标本商史密斯更是大肆收购活的大熊猫和其他珍奇的华西鸟兽运往欧洲。仅 1938 年的一次，就将 6 只活的大熊猫、1 只活金丝猴和一些活的盘羊、青羊及珍奇的雉鸡等运往欧洲。[②]

受保护终成外交桥梁

西方人不断在我国猎杀大熊猫和倒卖其幼崽的行为，给这种珍稀动物造成了致命的危害。我国的一些有识之士不禁为大熊猫能否继续生存在这个地球上的前景感到非常担忧。因此，当上述那位美国妇女再次在中国川西收购各种珍稀动物倒卖，试图将 3 只大熊猫、1 头羚牛、1 只羚羊、14 只雉鸡等动物带出关时，中央研究院动植物所的专家开始要求限制出口这类珍稀动物。

1939 年，社会各界开始商讨禁猎大熊猫，以保护它们能继续生存下去。当年 4 月，外交部在致中央研究院的一封函件中这样写道：

据十六区行政督察专员呈称：本区汶川县所产之白

① SOWERBY A. de C. Mrs Harkness Returns from Third West-China Expedition Minus Panda [J] . The China Journal, 1938, 29 (2): 92.

② SOWERBY A. de C. Giant Panda on Way from Cheng-tu to England [J] .The China Journal, 1938, 29 (6): 267.

熊 Giant Panda[①] 为熊类中最珍异之一种，其存在之地只汶川及西康等地之高山中有之，数极稀少。外邦人士往往不惜重价收买，奖励土人猎捕射杀，若不加以禁止，终必使之绝种。拟请通令保护，并请主管部会禁止外邦人士潜赴区内各地收买及私行入山猎捕等情。除通令查禁及保护外，相应咨请查照通告外邦人士，禁止潜赴区内收买及猎捕等由。查近来外人来川采捕白熊者日多[②]，究竟应否查禁保护，并通知驻华各使馆？事涉动物保存问题，相应函请查核见复。以便办理为荷。[③]

中央研究院对该函件的内容非常赞成。他们随后向政府报告，我国西部出产的大熊猫由于外国的滥捕，数量越来越稀少，终于使得“政府现已通令各省当局严厉禁止一切伤害及装运此稀贵动物之行为”。当时政府还“通告各国驻华外交团，此后外国团体无限制的猎捕我国著名之大熊猫（Giant panda）将遭禁止”。[④] 学术界的努力，有效地阻止了西方人继续不断前来杀戮这种珍稀动物。从此，西方人可以随便来华倒卖大熊苗的日子终于过去。大熊猫最终躲过一场可能绝灭的浩劫，重新获得自己在偏远的西部山区的一线喘息之机，避免了重蹈

① 即大熊猫。

② 重点号是原文就有的。

③ 中央研究院与外交部关于查禁外侨捕买四川汶川县所产白熊事宜的来往公函（1939 年 9 月）[A]. 中国第二历史档案馆（南京）。全宗号 393，案卷号 673。

④ 涛. 禁止滥捕大熊猫 [J]. 科学，1939，23（3-4）：218.

新疆普氏野马在本土灭绝的覆辙。这一切是中国学者的成长和在极端困难条件下努力抗争的结果。

虽来华收购大熊猫的行为已遭禁止，但美国人想要得到更多活的大熊猫的野心不灭。为了维系与美国的关系，1939 年 10 月，经当时国民政府行政院长兼财政部长的准许[①]，美国人斯迪尔（A. T. Steele）从川西收集了一只活的大熊猫幼崽送回美国，喂养在芝加哥的布鲁克菲尔德动物园。为彰显两国情谊，园方还别出心裁地用美国华裔女演员李灵爱（Li Ling-ai）[②]的名字命名它。[③]从此，大熊猫作为外交使者的角色登上舞台。

值得一提的是，在谭卫道弄走大熊猫标本 60 多年后，中国国内才有大熊猫标本收藏，并首先出现在西方人兴办的上海亚洲文会自然博物馆。杨杰克于 1933 年带几个西方人在贡嘎山探险时，曾收集了一批动物标本。按国民政府当时的有关规定，部分标本送交新成立不久的中央研究院自然博物馆，另一部分送到美国的纽约自然博物馆，还有的送给上海亚洲文会的自然博物馆。后者陈列的大熊猫标本和扭角羚标本即为其所送。

中华人民共和国成立后，大熊猫继续被作为“国礼”

① 当时政府已经颁布法令禁止猎捕大熊猫。参见：涛．禁止滥捕大熊猫［J］．科学，1939，23（3-4）：218.

② 李灵爱（1908—2003），华裔美国人，曾投资和策划拍摄（具体拍摄为美国摄影记者 Rey Scott）反映日本侵华罪行和中国人民艰苦抗日题材的纪录片《苦干》（*Kukan*）。该片曾获奥斯卡特别奖。

③ SOWERBY A C. Another Giant Panda Going to the United States［J］. The China Journal，1939，31（5）：247.

先后送给苏联、朝鲜、美国和日本等不少国家。与此同时，政府也逐渐加强对大熊猫等珍稀动物的保护，1983年成立了中国保护大熊猫研究中心。2007年，中国政府禁止了大熊猫的出口。经过长期的行之有效的保护措施，这种珍稀动物的种群在不断发展壮大，呈现出生机勃勃的光明前景。

自将磨洗认前朝

⁕ 威尔逊的遗产

2023 年是英国植物学家威尔逊（1876—1930）《一个博物学家在华西》（*A Naturalist in Western China*）出版 110 周年，如今知道此书的人很少。但其在 1929 年重版改称《中国——园林之母》后，就变得非常知名了。

威尔逊和家人

大概它让国人很亲切，这个提法不胫而走，迅速在中国风行。不管作者是否同意，不少人只管照自己的理解去阐释其含义，以至于想当然地认为中国园林艺术是世界园林艺术“之母”。这可谓深得中国传统的“解诗艺术”之精髓：作者不然，读者何必不然？这种美丽的误会，更使“中国——园林之母”深入人心、流传不息。

壮丽的中国西部宝藏

自从 1899 年威尔逊首次踏上中国的土地后，此后的 10 多年间，他曾长期跋涉于中国湖北和四川壮丽的秦巴山区、岷山山区、川西高山区和巍峨的台湾玉山山地。这些地方气象万千的险峻地形、丰富多彩的花卉植物和丰饶的物产，给他留下了极其深刻的印象。常年穿梭于崇山峻岭中，他满怀收获的喜悦，不仅采集了大批的植物标本，而且给西方园林引去了 1000 多种的观赏植物，让西方人认识中国西部花园和那里丰富的生物多样性。由他引出的珙桐——鸽子树，现已成为世界著名的风景树；由他推荐给西方、最终在新西兰驯化成功的猕猴桃，现已成为国际上一种非常受欢迎的水果 kiwi（奇异果）。当然，他为此付出的代价也“不菲”——在一次岷山山地的考察中，他不幸遭遇泥石流而右腿骨折，留下了终身的残疾。

也许他还有更重要的收获，那就是对这片土地的了解，以及和这里的人民结下了不解之缘。他被这里的风景之美、人民的纯朴真诚深深地感动。正因为如此，他曾经深情地写道:“如果我应当生活在华西是命运安排，我最希望生活在松潘。”我们知道，这里是青藏高原的边缘，这里有中国著名的黄龙风景区、九寨沟风景区。是啊，在他的笔下，川北黄龙风景区，川西瓦屋山、瓦山都是那样美得摄人心魄，美得让人陶醉，让人流连忘返，不愧是人间天堂。这里成为他的心灵家园，似乎也在情理之中。也许是因为他的喜欢、他的赞美，加之他和中国人能很好地相处，以至于一些西方人不无醋意地“赐给”他一个诨号——“中国佬威尔逊”（Sino Wilson）。1913 年，英国植物学家赫姆斯莱（W. B. Hemsly）还用同义名号作为山白树属的属名（*Sinowilsonia*）。

古人云:“西南山水，以川蜀最奇。”威尔逊的洞察力是惊人的，也很值得我们深思。他可能是最早描述川西黄龙风景区的学者。可惜他的描述当初并没有引起中国学者的关注，甚至连一直非常喜爱他的一些老一辈的植物学家也从未提过。直到 20 世纪六七十年代后，中国科学院四川地理所（今山地所）的考察人员才再次揭开它的神秘面纱，才使这块“养在深闺人未识”的“人间瑶池”名扬天下。它是世人公认的最美风景区之一，1991年被列为世界自然遗产。

说起瓦山，笔者更有一番感慨。自从20世纪90年代后期在威尔逊的著作中看到这座形状奇特的大山的图片和相关生物多样性的描述，尤其是看到英国领事官贝德禄（E. C. Baber）1882年在《英国皇家地理学会杂志》发文称其为“世界最富魅力的自然园林”，不免产生了去探究一番的冲动。但无论从地理文献还是网络信息，当时均查不到四川这座山的资料。为此笔者于2000年曾先后请教中国科学院地理所的地图学专家和四川山地所的相关领导，是否听说过这座山，不料他们居然都没听说过，这不免让人遗憾。须知19世纪末的时候，英国博物学家普拉特（A. E. Pratt）曾雇用30个当地人在这座山采集了一个多月，收获大批动物标本。当时他曾拍过瓦山的照片，可惜底片透光，没能洗出来。威尔逊看到这座大山雄伟的山峰时，印象刻骨铭心。他写道：“从峨眉山顶眺望，瓦山像一个巨大的诺亚方舟，船舷泊于高耸云海中。”他的助手查培（W. R. Zappey）曾在那里猎杀了一只扭角羚，这可是西方人首次在中国亲手猎杀扭角羚。据说，当年这里还是大熊猫活动的地方。

我那个四川山地所的同事、朋友常年穿行于四川山地间，对于如此鼎鼎大名的山居然都说不知道，真是让人不解。为此我约了两个同事，准备和国家环保局的相关专家合作，根据威尔逊书中描述的线索做一番探察，当时的自然司（现为生态环境部）也答应给予我们一些经费支持。可惜终因那两个同事脱不开身，未能及时成行。没多久，就在网上看见四川地矿局工程师范晓等成功申报了“大渡河峡谷国家地质公园”，其中范围就包括瓦山。据说他的申报材料利用了当时黄龙风景区一个德国顾问提供的《一个博物学家在华西》的相关资料，而瓦山也因此变得逐渐知名。我们没能在四川地质学家之前“重新发现”瓦山，只能怪自己行动迟缓，缺乏西方博物学家那种果敢和成事的素质。

激励中国学者发展自己的植物学事业

威尔逊的著作出版后，很快为中国的一些生物学家所知悉，并激励他们努力收集本国植物标本，发展本国的植物学。其中，胡先骕、陈嵘等都是深受其影响的中国植物学家。

1920 年，胡先骕在南京高等师范学校任教的时候，曾经试图循着威尔逊等人的足迹到四川采集标本，后来因为西南地区社会动乱，无法实现这一愿望。不久他因美国哈佛大学阿诺德木本植物院副院长威尔逊君来函，又云浙赣湘粤闽黔等省植物，欧美植物学家未尝采集。而浙赣距宁伊迩，尤易举事。乃决定在赴川滇之前，先往浙赣。为筹建学校的植物标本馆，他开始在浙江、江西等地采集植物标本。据说他在授课时，常给学生讲述《一个博物学家在华西》等书籍，以开阔学生眼界，激发学生奋发向上，发展中国的植物学事业。1925 年，林学家陈嵘从哈佛大学阿诺德树木园等地游学归来，随即着手筹建金陵大学森林系树木标本室。他追随着威尔逊的足迹，深入鄂西神农架林区和峨眉山以及川西地区进行调查采集，最终建成标本比较齐全的标本室。其后，中国另一植物学家汪发缵也被威尔逊的探险精神深深感动，他曾在自己的自传中写道："我愿意深入那偏僻的山区……为了自己猎奇探宝，采集一些新异植物，增加或创造新纪录，做个中国的威尔逊或福尔斯脱（即福雷斯特，G. Forrest）那样的人物，好让我的名声同植物一起流传在中外的植物科学史上。"因此，他在北平（今北京）静生生物调查所工作期间，曾于 20 世纪 30 年代深入四川北部和西部采集植物标本。

威尔逊后来工作的地方——美国哈佛大学阿诺德

树木园是中国植物分类学的主要学术源头之一，植物学家陈焕镛甚至认为这里是中国现代植物学的起源地。号称中国植物学界的“三老”——陈焕镛、钱崇澍和胡先骕都曾在这里学习，胡先骕在这里攻读的博士学位。他的博士论文《中国种子植物属志和代表种的描述》(*Synopsis of Chinese Genera of Phanerogams with Descriptions of Representive Species*)受惠于威尔逊采集的标本尤其多。胡先骕回国后，继续在东南大学和中国科学社生物研究所工作，后来又到北平静生生物调查所工作。在此期间，还与阿诺德树木园建立了良好的合作，其中包括哈佛大学阿诺德树木园曾出资与静生生物调查所合作采集标本，两个机构之间还建立了标本互换关系。

在阿诺德树木园学习期间，胡先骕深受威尔逊重视资源开发思想的影响，开始在《科学》发表文章，强调开发本国植物资源的重要性，指出，原产中国的各种水果、花卉多为外国所珍。“而近日外国人士，方尽力采集输入中国之野生产品”，中国“花样至为繁众也，然利弃于地。野生之种类，可供栽培之用者尚不知凡几”。在他看来，原产中国的花，转求外人，可笑可悯。中国还有许多果树资源有待于进一步开发，如扁核木、羊桃(即猕猴桃)和山核桃，等等。为使国人重视开发本国的植物资源，他特地将《一个博物学家在华西》中不少章节译成中文，以《中国西部植物志》为名，在《科学》上发表。他在译文前面写道："威氏受英京园艺公司[①]之托，往中国西部搜集野生花木果树可供园艺之用者，于是往来湖北、四川、云南、川边者凡十一年，搜集植物极伙，而发现新植物亦数千。即征其于园艺有增加佳美花果莫大之功，植物学已收其伟大之贡献矣。氏采集之标本，现已为哈佛大学植物院考订成书，曰《威氏植物》（*Plantae Wilsonii*），为植物学家不可少之书。……氏另著有《中国西部游记》……今辄择其中关于植物农林诸篇译成国语（中文），庶读者于中国天产之富，略知其梗概焉。"不难看出胡先骕对威尔逊工作的推崇。

此后，胡先骕身体力行，长期致力本国的植物资源开发。他不断著文唤起国人开发本国的植物资源的意识。自20世纪30年代起，他先后写了《如何利用中国植物之富源》《中国植物之富源》《国产牧草植物》《经济植物学》《经济植物手册》等。另外，在他的指导和影响下，他的学生蔡希陶和俞德浚等在中国资源植物学方面做出了巨大的成绩。前者在中国香料植物、药用植物以及油料乃至烟草育种和三叶橡胶引种栽培方面做出了重大贡献；后者则在果树种质资源的开发利用及引种栽培方面做了卓越的工作。

① 即维彻花木公司（Nursery Firm of James H. Veitch & Sons）。

富于魅力的“绿色之路”及其生态变迁

受威尔逊影响的学者远不止胡先骕，由于描述了众多的花卉，《中国——园林之母》一直受中国园林界学者的重视。据说“梅花院士”陈俊愉教授曾经组织过翻译这本书。遗憾的是，直到他去世，这本书的译本似乎也未出版。后来还是中国科学院华南植物园的一位先生先翻译了上述名著，并于 2015 年出版。威尔逊被誉为打开“中国西部花园大门”的人，但是我们自己的开发仍然有很多可深化的空间。威尔逊引出并在国际上大受欢迎的珙桐、王百合（*Lilium regale*）和紫斑杜鹃等多种杜鹃在国内知者不多，我们的花卉资源仍然是“墙内开花墙外香”。作为花卉王国，我们仍然是“之母”。就像北京的市花“月季”一样，虽说月季原产中国，但国人在月季育种方面贡献相较而言比较有限，北京随处可见，乃至国内园林观赏栽培的主要品种是西方培育出来的“现代月季”。我国西南部的丰富花卉资源仍有待于我们的园林工作者深入开发。

威尔逊等人描述的中国西部丰富的植物资源让西方学者难以忘怀。自从中国改革开放后，他们以合作的方式，重新在中国的西部开展考察。其中英国园林学家朗

王百合（引自 *Blütenland China*）

格斯特（R. Lancaster）多次来华，追寻西方探险家的足迹，以期重新唤起世人对中国“绿色之路”的重视。其中不乏忠实的痴迷者。

1995 年，瑞士学者施耐贝利 – 格拉芙出版了《中国：花的国度》（*Blütenland China*）。这位对中国传统花文化和花卉植物都有些了解的作者，在自己的书中介绍了威尔逊的事迹。还用大量精美的图片对中国的花卉和经济植物做了介绍。其中还用了一些明清画家和《十竹斋》的精美绘画。从2002年开始，有个叫欧伯伦（Seamus O'Brien）的爱尔兰人，曾三次来华，到韩尔礼（A. Henry）曾经采集过大量植物标本的湖北、四川、台湾和云南等地旅行，同时在收集大量关于韩尔礼史料的基础上，于2011年出版了《追寻韩尔礼的足迹》（*In the Footsteps of Augustine Henry*）一书。而英国温莎大公园的弗拉纳冈（Mark Flanagan）和英国丘园的柯卡姆（Tony Kirkham）两位园艺学家也追寻威尔逊走过的地方，同时结合威尔逊收集的资料，揭示威尔逊考察历程；还复制了威尔逊所摄的风景、村落、河流场景、人物和各种植物等的照片，通过这些照片和在华请向导帮助，了解相关的地域性知识。两位作者追寻威尔逊曾经的足迹，拍摄他曾经拍摄的景物，以此内涵丰富的资料致敬威尔逊这位在植物引种方面做出巨大贡献的园艺学家。不仅如此，这些照片聚焦于百年来中国日新月异的变化，以及这里沧海桑田的生态变迁，同时留下了中国四川等省各地区和人民的迷人瞬间。在精心准备的基础上，他们于2009年合作出版了《威尔逊来华百年》（*Wilson's China：A Century on*）。值得一提的是，国内也有类似的学者，中央电视台也制作过威尔逊的纪录片。但愿他们颇具历史感的阐述，可以让我们从中获得关于生物多样性保护和资源开发的启迪和感悟，对这里生态变迁给予足够的关注，保护好这里的自然环境和“绿色宝库”。

《威尔逊来华百年》封面

⁕ 古生物学家布林

在 20 世纪上半叶，有一批瑞典地质古生物学家和地理学家活跃在中国的学术界，他们的工作在世界范围内产生了深远的影响。其中，地质学家安特生（J. G. Andersson）以他倡导的周口店古人类遗址发掘和河南仰韶文化遗址发现在学术界广为人知；而斯文·赫定更是以自己的罗布泊探险和发现楼兰遗址而蜚声中外。相

布林

较而言，人们对古生物学家布林（B. Bohlin，1898—1990）的贡献仍然所知甚少。

初露锋芒

1927 年，中国学术界展开两项具有里程碑意义的中外科技合作，一个是中国地质调查所与美国洛克菲勒基金会投资兴建的协和医学院合作，发掘“周口店古人类遗址”；另一个是“中国学术团体协会”和瑞典探险家斯文·赫定组合的“中国西北科学考查团”。前者直接导致了震惊世界的“北京人”的发现，同时催生了地质调查所新生代研究室（今中国科学院古脊椎动物与古人类研究所的前身）的建立；后者获得的气象资料直接为稍后西北航线的开辟奠定了基础。另外，还有白云鄂博铁矿（包钢建立的基础）、“居延汉简”，以及大批地质古生物化石及其他众多学术资料的发现。在参与上述科学项目合作的众多中外学者中，布林是唯一一个先后参与过两个合作项目，并且都做出重大贡献的地质学家。

1898 年，布林出生于瑞典南部城市乌普萨拉，高中毕业后进入乌普萨拉大学接受高等教育。乌普萨拉大学是瑞典最有名的大学之一，著名的博物学家、生物双名法的确立者林奈，著名地理探险家斯文·赫定都曾在这里学习。中国古脊椎动物学的奠基人杨钟健在德国学习时，撰写博士论文依据的也是这所高校收集的标本资料。大学毕业后，布林继续在古脊椎动物学家维曼（Carl Wiman）的指导下攻读博士学位，研习古生物学，研究领域是中国的古脊椎动物，从此与中国结下不解之缘。后来，他撰成博士论文《中国北部之麒麟鹿科化石》并成功通过答辩，获得博士学位。

1927 年 3 月，刚刚获得博士学位的布林由导师推荐，携夫人来华，参与北京周口店古人类遗址的发掘，在这个充满希望的工地任古生物研究专员和野外工作顾问，专门负责发掘的科学计划。从此，布林在中国这个陌生的国度，开始崭新的野外考察生活。

说起周口店遗址，不能不提布林的同胞、时任中国农商部矿政顾问的安特生教授。1921 年，正是他安排维曼的另一名学生、奥地利古生物学家师丹斯基（O. Zdansky）开始了周口店龙骨山古人类遗址的发掘。当时，这位见多识广的学者在一个洞穴边对师丹斯基说："我有一种预感，我们的祖先就躺在这里。现在唯一的问题就是找到它。"师丹斯基没有辜负他的期望，真的从遗址中挖出两颗人类牙齿化石。知道这一消息后，安特生要求维曼赶快派一位熟悉周口店古动物群的人来接替已经决定离开的师丹斯基，继续周口店的发掘工作。布林就是在这样一种背景下来到中国的。

来到周口店后，布林和中国同事迅速投入紧张而充满期待的发掘工作。布林工作非常勤奋、认真，不久就取得令人振奋的成果。他不仅发现一颗完整的成年人臼齿，而且还掘出两件下颌骨，其中一件保存着三颗完整的臼齿。基于布林发现的牙齿，结合师丹斯基此前发现的资料，研究它的加拿大籍人类学家步达生（D. Black）提议建立一个人科新属种“*Sinanthropus pekinensis*”即“中国猿人北京种”和俗名“北京人”一并使用（现在北京人的学名已调整为 *Homo erectus pekinensis*，中文译作“北京直立人”）。在周口店的出色表现，令古生物学界对布林刮目相看。步达生教授曾称之为“一位优秀而热心的工作者”。而周口店遗址在中国学者后续辉煌发现的影响下，逐渐成为国际古生物学和古人类学界瞩目的地方。

在华西北的古生物寻踪

在周口店的突出表现，也引起了正谋求充实考察队伍的斯文·赫定博士对布林的注意。1929 年初，在赫定的盛情邀请下，布林加入了中国西北科学考查团，开始了在中国西北内蒙古、甘肃和青海广袤地区长达四年多的地质古生物考察历程。

1929 年 5 月，布林根据赫定的指示，和几个同伴前往新疆，无奈被当时的新疆地方军阀拒之门外，只好改变行程到邻近地区考察。经过一番波折之后，当年 10 月，他们从北京出发进入内蒙古西部，先在百灵庙等地考察。翌年春，布林和另一位瑞典古生物学家率领一支驼队循商道西行，来到乌拉特后旗的宝音图附近进行地质考察。他们幸运地在当地中生代沉积中发现了原角龙化石，这是他们此行考察在古生物方面的第一个重要发现。随后他们继续往西来到额济纳河（弱水）流域考察。来到弱水下游居延盆地的时候，他们发现天气日趋炎热，已不适于在沙漠考察。1930 年的六七月间，他们往南来到北山煤窑探察。在这一地区，他们也有可观的收获，发掘出不少蕨类植物化石和许多蜿足类动物、昆虫以及小鱼等小型动物化石标本。这让他们兴奋不已，憧憬着未来有更多的发现。

在内蒙古的考察告一段落后，布林一行人沿弱水继续往南进入河西走廊的甘肃重镇——酒泉，开始了在南山地区考察的新旅程。

巍峨的南山地区，此前只有苏联地质学家奥布鲁切夫（V. A. Obruchev）等少数几个人旅行过，在地质古生物学的考察方面几乎是空白。布林决定由北往南开展自己的考察工作。他在南山地区的考察是从嘉峪关西北的黑山开始的，不久在一个名为大草滩的地方发掘出一具盔甲龙的骨架，还在那里的薄泥板岩中发现不少鱼类化石。这是他在该地区获得的古脊椎动物重要发现。接着，布林往还于玉门东面的惠回堡一带考察，发现这一地区古植物化石分布很普遍，还有几个很好的昆虫化石地点。更让他高兴的是，1930 年的最后一天，他发现了一种恐龙的牙齿化石；紧接着，在第二年即将开春的时候，他又在邻近石尔马城这个地方的红色沉积中，发现了大量的脊椎动物化石。

结束了在惠回堡周围的考察后，布林继续往西北，来到疏勒河的尾闾哈拉淖尔，试图在那里找到更多的化石地点。不过，显然这次他的运气欠佳，在这个已完全干涸的湖盆中，他根本找不着什么古生物化石。失望之余，他决定南下到肃北和党河流域考察。在快到敦煌的时候，他遭遇了更大的麻烦，与当地军阀马仲英属下的一帮匪徒不期而遇，布林不禁暗自叫苦。还好，凭自己的机智，与匪徒巧妙周旋，最终幸运地逃过了被劫掠的命运。

在敦煌经过数天的准备和休整后，布林于 6 月中旬向新的目的地进发。途中他颇有兴致地在西千佛洞这处人文景观盘桓了数天，接着往南来到接近肃北县城的党河西面的塔奔布鲁克一处名为“烟洞土”（现称燕丹图）的地方考察。在这里，他犹如得到命运之神的眷顾，收集到了从北京西行以来学术价值最高的一批小型哺乳动物化石标本，主要由啮齿类、食虫类等动物构成。不久，他又在“烟洞土”东面不远的“铁匠沟”发现了各种植物化石。

布林的挖“石头”工作引起了当地蒙古族牧民的好奇，这些淳朴的牧民告诉布林，在托素湖那里有很多的这类化石。得知这一线索后，他于 9 月中旬结束了铁匠沟的采集，随后向南进入党河南山高地，沿柴达木盆地的北缘往东南，过伊克柴达木湖向托素湖地区进发。在 10 月上旬的时候，布林来到目的地，考察附近的地质、古生物。很快他发现这里正如蒙古族牧民所说的那样，动物化石确实很丰富，的确是古生物学家工作的好场所。布林在这里采集了很多动物化石，包括一些很好的动物头骨和牙齿化石标本。1931 年 11 月，布林的驼队满载而归，返回酒泉。

在酒泉休息了约一个月后，布林又往西进入祁连山区，开始新一轮的地质古生物考察。此次他来到玉门南

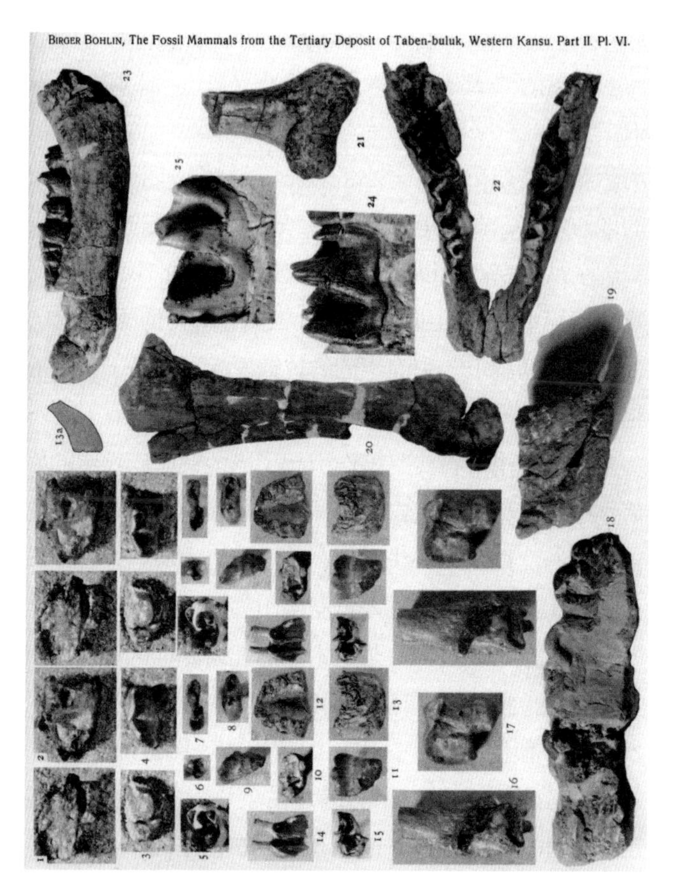

布林在塔奔布鲁克挖掘的古生物化石

面大雪山周边的石包城绿洲和昌马等地考察，收集到不少植物化石和无脊椎动物化石。不久发现那一地区盗匪猖獗，不宜久留，加上托素湖附近和烟洞土这些化石地点让他难以忘怀，1932 年 5—8 月，他再次前往上述两地收集古生物化石，继续前一年秋天的工作。这期间的收集可以用喜出望外来形容。他先在托素湖北面收集到一批量大质优的脊椎动物化石，包括原始犀牛的骨架和下颌骨、大象的肩胛骨和珍奇的鹿角化石等；后来又在烟洞土收集到一批动物进化史研究方面意义重大的化石资料。完成了一趟收获颇丰的收集之后，布林于同年 9 月中旬回到酒泉。

1932 年 10 月，布林结束了他在河西走廊和南山地区的考察，沿着来时的道路东返，途中继续考察地质古生物。最终在 1933 年 2 月到达北京，并于同年 4 月底回到阔别多年的故乡——瑞典。

出色的成果

回国后，布林在乌普萨拉大学讲授古生物学，同时开始了长期的资料整理和成果出版工作。在那以后的 50 多年中，他整理出版了大量中国古生物的研究论文和专著。在瑞典已出版的 56 卷《斯文·赫定博士领导的中国西北科学考察报告集》中，有 12 卷是他撰写的，大部分是古生物方面的专著，包括《甘肃、内蒙古爬行动物》《柴达木的第三纪哺乳动物群》《甘肃西北沙拉陀罗（党河源头）的渐新统哺乳动物》《甘肃西北塔奔布鲁克第三纪哺乳动物化石遗存》《甘肃西部石尔马城、惠回堡的一些兽类化石遗存》《内蒙古和甘肃的爬行类动物化石》《中国甘肃、青海晚古生代植物的四个地点》，等等。

布林在青藏高原边缘南山地区的古生物的调查和发现，有非同寻常的重要意义。他在青海托素湖周围地区发现的古生物化石地点，引起学术界的高度关注。正如他指出的那样，这里是构成了解柴达木盆地后第三纪和早期第四纪地质学发展的关键地区。他对这一地区的开拓性研究工作，为青藏高原的隆起与高原及周边地区新生代哺乳动物进化的深入研究奠定了初步的基础。他在甘肃南山地区和党河流域发现的哺乳动物化石，是研究晚渐新世哺乳动物非常珍贵的一批标本。

瑞典自然博物馆的专家认为，在其插图丰富多彩的著作中，布林论述了考察中所得的第三纪哺乳动物化石，对中亚地区第三纪动物做了新的阐述和描写，并对早期人猿的进化研究做出了贡献。虽然布林提出的一些假说，如关于第三纪中新代后期灵长目起源，一直受到质疑，而且对他所调查过的地区生物地质的最终问题或许仍有待于得到解决，但是不可否认他为丰富我们关于中亚地区已经灭绝动物的知识做出了重大贡献。我们从他的范围十分广泛的收集品和关于这些收集品所发表的出版物中可以看到，小型哺乳动物化石，特别是啮齿类动物的化石得到了很好的描述和分析。

布林生前曾非常希望自己在甘肃西北部党河流域塔奔布鲁克等地的先导性工作，能得到进一步深入。1942年，他在《甘肃西北塔奔布鲁克第三纪哺乳动物化石遗存》一书中满怀期望地写道："我真诚希望有人能再次寻访那个地方。这样我们将发现更多的揭开鼠兔历史的重要材料（对于党河上游的沙嘎尔腾河的地点也应当再次考察）。我们对那一地区食肉动物、偶蹄动物和其他组的动物，仍然知之不详。然而，被预期的最有意义的发现是小型灵长类的遗存。我仅收集到没有牙齿的联合部分（在遗存的齿槽只有齿根）和一个牙齿碎片（也许还有可疑之处），牙齿的发现地为烟道土，下颌骨碎片出于溪水东部的很好的砖红沉积中。"

随着中国地质古生物学的不断发展，布林的工作正被中国学者继续深化。他去过的地方，不少已经为中国的古生物学家重新查访。他们指出，布林在内蒙古尤其是在甘肃党河地区发现的众多古脊椎动物化石地点，如今已是经典地点；同时指出，布林在塔奔布鲁克盆地中部燕丹图沟中找到三个小型哺乳动物化石异常丰富的层位。三个层位紧靠在一起，其中产出的哺乳动物群被命名为“燕丹图动物群”。布林明确指出，燕丹图动物群为晚渐新世。该动物群后来成为晚渐新世塔奔布鲁克哺乳动物期的典型动物并沿用至今。塔奔布鲁克地区是近 20 年来研究阿尔金山走滑断层的关键地点之一。原因之一是，该盆地是青藏高原北缘多个山前盆地中唯一具有明确的哺乳动物年代控制的层序。因此，塔奔布鲁克地层既可以帮助推算阿尔金山走滑断层的断距，又可以提供探索青藏高原北部祁连山—党河南山—阿尔金山隆起时代的重要依据。

布林在古人类和古生物研究方面的贡献是如此突出，为了表彰他的出色业绩，中国古生物学家在 2000 年后，不但特意将甘肃和政地区发现的一麝牛新属种（和政羊）以他的名字作为该麝牛学名的种加词，即 *Hezhengia bohlini*，还将在辽宁发现的一种新的恐龙命名为步（布）氏克氏龙（*Crichtonsaurus bohlini*）。后一恐龙的命名者在其学术论文中写道：“属名献给著名的科幻作家迈克尔·克赖顿（M. Crichton），《侏罗纪公园》一书的作者。”“种名献给为中国古脊椎动物学研究做出重大贡献的瑞典古生物学家步林博士（B. Bohlin）①，以纪念他对中国甘肃河西走廊地区甲龙化石之采集和研究。”②

和政羊（*Hezhengia bohlini*）

① 即布林。

② 董枝明．辽宁北票地区一新的甲龙化石［J］．古脊椎动物学报，2002，40（4）：276-285.

⁂ 探索罗布泊历史的启示

新疆若羌县境东北部的罗布泊，是中国最大的内陆河——塔里木河的尾闾，闻名遐迩的丝绸之路边上的一颗大漠明珠。令人惋惜的是，20 世纪 70 年代初，这片曾经的汪洋由于上游的截流蒸发殆尽，唯余湖盆那坚硬的盐壳和碱滩让人凭吊，令人唏嘘。虽然水光潋滟的湖泊风光不再，但围绕它的探索历程，却依然发人深思。

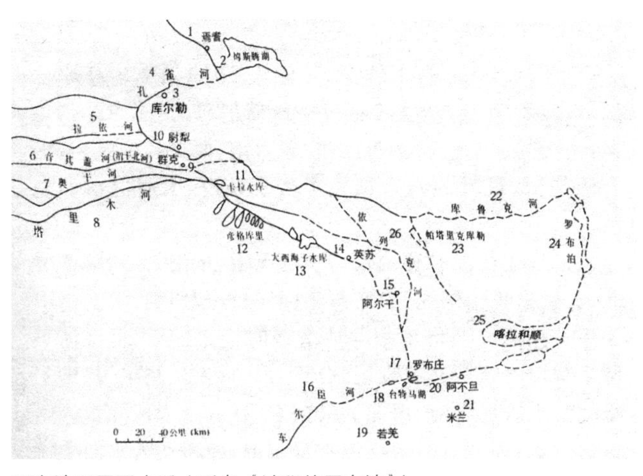

罗布泊及周围水系（引自《神秘的罗布泊》）

中国古人对罗布泊的认识

地处亘古荒原的罗布泊原是西北边陲一个著名的大湖。宽阔的湖面在周边干旱荒漠的映衬下分外耀眼，引人注目的塔里木河入湖口的沿河绿洲更显得充满活力。有了湖畔的绿洲，往来于古丝绸之路的商旅在茫茫大漠中多了一处宝贵的休憩场所，在漫漫征途中增添一处补充给养好去处。靠湖而居的“罗布人”利用它书写着自己悠久而独特的历史，留下了当地环境变迁与文明进程的鲜活画卷。

根据 20 世纪 30 年代中瑞西北科学考查团瑞典地质学家那林（E. Norin）的测定，位于南疆的塔里木盆地西高东低，自西边的阿克苏往东至楼兰故墟以北，共约 800 公里的距离中，西面要比东面高 300 米。罗布泊地处南疆东部的罗布荒原，是塔里木盆地地势较低的积水地区，流入罗布泊的河流是由西往东的中国最大内陆河——塔里木河及其支流孔雀河、车尔臣河和米兰河等（后两条河流近代以来只有在洪水季节有水流入湖中），同时也有部分周围山区雨季洪流汇入的补给。在漫长的历史时期中，塔里木盆地人口稀少，对绿洲开发强度很小，盆地中各河流汇入湖中的水量丰富，形成罗布泊广阔的水面。

缘于内地与边陲频繁的物产和文化交流，罗布泊很早就为内地学者所知，不过当时尚未出现罗布泊这个名称。地理著作《山海经》记载："不周之山，……东望泑泽，河水所潜也，其原浑浑泡泡。"这里的"泑泽"就是《汉书·西域传》的蒲昌海、盐泽。当时人们认为它是黄河的源头。蒲昌海之得名可能跟湖边长有大量的香蒲或形似菖蒲的芦苇有关[①]，称之为海是极言其大。而盐泽则因其为咸水湖的缘故。在古代，罗布泊还称为牢兰海、孔雀海等，这些名称与湖的位置有关。牢兰即楼兰的谐音，称牢兰海指它地处楼兰附近；孔雀海则因罗布泊地处孔雀河尾闾。元代以后，蒙古语称之为罗布淖尔，淖尔就是湖的意思。这大约就是罗布泊名称的由来。

早先对于远在"春风不度"之玉门关外的那个荒凉巨泽，内地学者的认识伴有浓厚的推测和传闻色彩。诚如前人所言："《山海经》《博物志》古书之最异者，所载多荒远，通人不履其地，以方舆测之，以迹象推之。"因此才会产生上述将罗布泊当作黄河源头的推想。这种观点在汉代被进一步认定。《史记》《汉书》都有这方面的记载。其中，班固《汉书·西域传》这样记述蒲昌海或盐泽："广袤三百里，其水亭居，冬夏不增减。皆以为潜行地下，南出于积石，为中国河云。"正是罗布泊

① 王守春．楼兰国都与古代罗布泊的历史地位［J］．西域研究，1996（4）：43-53.

的一望无际，烟波浩渺，且上游河流（塔里木河）的来水源源不断地注入，也不见湖中水量增多，激发了古人丰富的想象力，由此推测它就是黄河之源。而且通过"潜行地下，南出于积石（阿尼玛卿山），为中国河"这样一种大胆推想，不仅将这个与黄河不相联系的湖关联起来，也与古代著名地理学著作《禹贡》"导河积石"[①]的记述相呼应，更使这种"河源说"充满魅力。

除上述由水量产生的推想外，古代产生上述"河源说"可能还与交通的拓展及山水形成的信念有关。在汉代以前，罗布泊地区已经是黄河流域与塔里木盆地之间的重要交通中转地。古人"叙山叙水，皆自西北而东南"[②]。塔里木盆地西南"横空出世"的昆仑山及其西边的葱岭（今帕米尔一带）曾给中国古人留下了深刻印象，黄河在国人心目中的地位早就和岱岳相联系[③]，古人很自然地将它与昆仑山相关联。《尔雅·释水》提出："河出昆仑虚，色白。"现实中黄河并不发源于昆仑山，而发源其中的塔里木河之源远流长，给人的印象也异常深刻。有这样的观念，出现这样一种把黄河与昆仑山流出的塔里木河加以连贯的设想自然就在情理之中。这应该就是《汉书·西域传》把罗布泊及流入其中的河流与黄河联系的依据。《汉书·西域传》中向北流的河应当是

① 书经·禹贡［M］. 蔡沉，注. 上海：上海古籍出版社，1987：34.

② 王守春. 楼兰国都与古代罗布泊的历史地位［J］. 西域研究，1996（4）：43-53.

③《诗经·周颂·时迈》有"怀柔百神，及河乔岳"这样的句子。

发源于喀喇昆仑山的和田河或叶尔羌河，葱岭河应当就是发源于帕米尔的喀什噶尔河，它们都是塔里木河的上源。把罗布泊这样一个遥远深藏的大湖作为黄河的源头不仅“具有说服力”，还给河源增添了更多的神秘色彩。

另一方面，张骞凿空西域以后，罗布泊及其附近的城镇因地处塔里木盆地东部的古“丝绸之路”要冲，日益为国人熟知。很显然，当时罗布泊是西出阳关（或玉门关）往西域或中亚的人们常路经的大泽，附近的楼兰不仅是通往西域的门户，也是丝绸之路由河西走廊出玉门关经罗布泊北侧向西通道的重镇。将黄河与塔里木河这两大水系相关联，实际上也折射出黄河流域与塔里木河流域政治、经济和文化关系日益密切。

在交通和科学技术不发达的中国古代，把罗布泊当河源这样一种颇具想当然色彩的错误观点成为古代学术界比较正统的“河源说”，流传了很长一段时间。

直到唐代，才有一些学者和将士到青藏地区勘察，逐渐开始形成比较正确的河源观念。《新唐书·吐谷浑传》记载，唐代的将领侯君集等统领军队行进在今青海境内时，发现星宿海一带才是黄河的真正源头。另据《新唐书·吐蕃传》记载，唐长庆二年（822年），有一名叫刘元鼎的学者出使吐蕃并探察河源。注意到巴颜喀拉山一带是黄河的源头。得益于新资料的获得，唐代著名学者杜佑指出，《汉书·西域传》的“河源说”“终是纰缪”；元代，潘昂霄在《河源志》一书中认为黄河的源头在星宿海；1761 年，齐召南的《水道提纲》基本查清黄河源出自“星宿海西巴颜喀喇山之东麓”的约古宗列曲和卡日曲。稍后，由朝廷派出考察河源的阿弥达认为卡日曲为黄河源头。遗憾的是，因囿于旧说，包括阿弥达在内的清代考察水系学者仍然将罗布泊作为黄河源头之一。大约这个气势恢宏、波光粼粼的大湖给他们的印象实在太深了。出于这样一种缘故，直到 1842 年出版的《嘉庆重修一统志》依然沿袭谬说。

这个事例很好地说明，要推翻一种有影响的陈说并非易事。除怀疑精神和提供充分足以采信的证据外，还要有足够的勇气。当然，随近代地理学的进步，罗布泊为河源的说法也就逐渐被人抛弃，但有关它的实地调查却又产生了新的争议。

近代关于罗布泊争端的缘由和过程

进入近代，引发关于罗布泊争议的始作俑者是俄国军人普热瓦尔斯基（N. M. Przewalski）。由于他和他的学生的自以为是，这一论争成为地理学上引人注目的问题。1876 年末至 1877 年初，普热瓦尔斯基率领一支考察队从库尔勒沿塔里木河来到当时该河下游的一个大湖——喀喇（拉）库顺湖，在那里做地学测量和生物学标本收集。他发现塔里木河接纳渭干河的水流之后，其流向从东变为东南，最后变为南。这个对中国历史没有多少了解的探察者很自信地以古就今，以为河水大量流入的喀喇库顺湖就是中国古人记载的罗布泊，同时这个俄国人发现它的位置比中国的《大清一统舆图》[①] 所绘的罗布泊偏南。回国后，他宣布自己发现了罗布泊，并指称中国地图上标示的罗布泊比实际位置偏北了一个纬

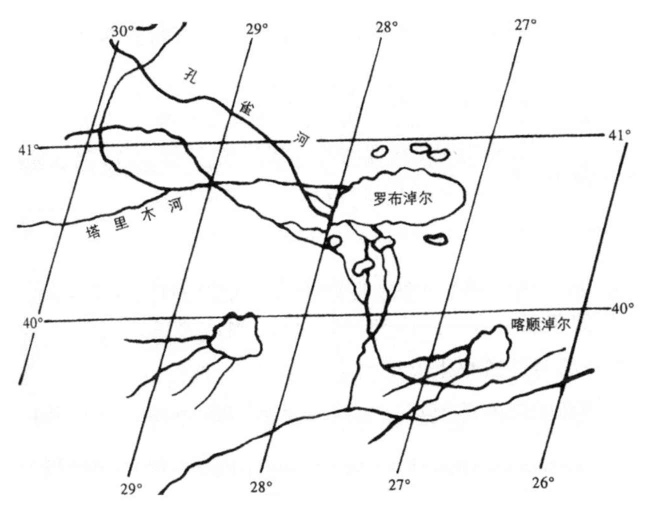

《大清一统舆图》所绘罗布泊（罗布淖尔）位置

① 同治二年（1863 年）湖北巡抚刊印于武昌。

度，因而是错误的。

俄国人的这一“发现”在世界上引起了轰动，因为他颠覆了人们所了解的中国书籍中有关此湖的记载。有人甚至称之为与到达北极或穿越非洲具有同样的地理学意义[1]。不过，这很快招来当时德国著名地质学家、柏林大学教授李希霍芬（B. F. Richthofen）对普热瓦尔斯基结论的质疑。

李希霍芬不仅对中国历史有比普热瓦尔斯基更深入的了解，还于1868—1872年，在中国进行过广泛的地学考察旅行。先后到过长江中下游流域和华南、华北、东北南部以及四川和内蒙古等中国西部广大地区旅行考察。回国后曾出版了一部巨著——《中国》。中国黄土高原“风成说”就是他首先提出的，而“丝绸之路”和“震旦纪”等著名的历史和地学名词也是由他首先提出并为学界所接受。

基于良好的中国西部地学和历史学素养，李希霍芬在《柏林地理学会杂志》发表文章，提出普热瓦尔斯基所见的不是历史上的罗布泊，即中国人称作“蒲昌海”或“盐泽”那个湖。他指出，普热瓦尔斯基看到的湖不但比中国资料确定的更靠南，而且是一个淡水湖，这难以解释塔里木河流经的地区盐分很大、淡水泉极少，而且河水蒸发量很大，定然形成大量盐的沉积带，及中国

① Sven Hedin. Lop-nor, The Wandering Lake. In “Across the Gobi Desert” [M] . New York : E. P. Dutton, 1933 : 361.

人自古以来将罗布泊称为“盐泽”这样一种现实。他得出的结论是：塔里木河原来向东流入真正的巨大的罗布泊，后来由于一条支流逐渐变为主河道向东南方向流到普热瓦尔斯基看到的喀喇库顺湖，而且这个淡水湖是近期形成的。罗布泊（盐泽）不应该是普热瓦尔斯基说的那样是一个淡水湖，而应该是一个咸水湖。可能的情况是：普氏在考察塔里木河各支流时，忽略了其中一条。据中国地图的记载，这条支流一直东流，在沙漠内陆形成湖泊，即中国历史上真正的罗布泊。

对于李希霍芬的质疑，普热瓦尔斯基很快给予这样的回应：“中国地图上对塔里木河下游和罗布泊的标注，完全是因为中国人对这些地区的了解要么是讹传，要么不准确。至于是否存在另一条支流，如李希霍芬所说，向东形成了真正的罗布泊，目前还找不到证据支持这一假设。当地人很可能知道这条水道和相当规模的湖泊存在，并且迟早会告诉我们，但我们沿塔里木河行进时，却一条小溪也没发现。如果确有河道，我们不会不注意到，因为水道总是很难跋涉……最后，我认为我有责任声明，当地人曾多次肯定，除了他们居住地的湖泊，没有其他湖泊存在。”他认为当地不存在李希霍芬所描述的那样一个咸水湖。它之所以是淡水湖，是因为喀喇库顺湖不断从西边接纳塔里木河流进来的水，因而湖的西半部都是淡水，只有离岸边不远流动不太大的湖水含有少量的盐分。

客观地说，当时罗布泊的水面已经很小，而且处于人迹罕至的荒原，塔里木河下游的喀喇库顺湖是汪洋一片，河水即使还能经后者流到罗布泊，水量也非常小。普热瓦尔斯基在当地只看到喀喇库顺湖这样一个大湖，进而将它误认为是罗布泊似乎不难理解。同样的原因使其学生科兹洛夫持与普热瓦尔斯基相同的片面观点似乎也在情理之中。不过，他们受各种条件的影响，未能将考察工作做得更加细致和全面，就急于否认中国地图的标示，显然也与这些俄国人一心只想捍卫所谓发现“优先权”和蔑视中国学者的态度密切相关。实际上，喀喇库顺湖在其存在的期间内，从来没有像罗布泊那样被详细地调查过，它东端的轮廓线也从来没有被测定过。李希霍芬的质疑显示了这位学者深厚的学术功底和敏锐洞察力。

正因为如此，李希霍芬的学生、瑞典地理探险家斯文·赫定后来写道:“根据我们现在掌握的游移之湖的情况，我们不能不敬佩两位论战者的睿智，但也必须承认他们在某些方面是对的，在另一些方面则有失偏颇。”李希霍芬认识到普热瓦尔斯基所认为的“罗布泊”为新形成的湖，而旧湖肯定是塔里木河向东延伸的结果。但他认为当时仍有一条支流继续流入旧湖是错误的。普热瓦尔斯基坚称他发现的湖就是中国古代地图上的罗布泊显然不对，但做出当时没有塔里木河的支流东去流进另一个沙漠湖泊的正确判断，进而否认这一湖泊的存在。

受李希霍芬有关罗布泊观点的启发，1896 年，斯文·赫定来到喀喇库顺湖考察，他也认为这是塔里木河的一个新的终端湖。他还发现了孔雀河下游的库鲁克河干河床，并沿塔里木河三角洲东进，虽然没发现李希霍芬推断的支流存在，但发现了塔里木河枝杈流经期间一连串的湖泊，并认为这是旧罗布泊的残余。随后他又有一些新的发现，从而开始把罗布泊称为“游移的湖”。

1897 年，斯文·赫定在圣彼得堡就罗布泊问题与俄国地理学家交流的时候，发现俄国地图学家竭力坚持喀喇库顺湖即历史上的罗布泊这一观点。不过他们都未能回答赫定提出的疑问，即为何在喀喇库顺湖沿岸和塔里木河沿岸到七克里克的河岸都没有胡杨树——这表明喀喇库顺湖并非古老的湖。曾于 1893 年在罗布泊周边地区考察的科兹洛夫不遗余力地坚持他老师的看法。他在一本名为《罗布淖尔》的小册子中反驳赫定的观点，认为赫定发现的那些湖泊及其以东的荒凉地区不是罗布泊的旧湖盆，而是孔雀河河道向西摆动的河床形成的，所见残余水面也不是罗布泊的，而是摆动游移的河流拐弯时留下的。他最后写道:“综合上述，我能得出的唯一结论是，喀喇库顺湖不仅是我永世难忘的恩师 N. M. 普热瓦尔斯基发现的罗布泊，而且也是古代中国地理学家发现的真正罗布泊。因此，该湖在过去 1000 年如此，今后也将永远如此。”于是普热瓦尔斯基师徒和李希霍芬师徒关于罗布泊的论争就这样逐渐展开。

1900—1901 年，斯文·赫定从孔雀河下游的库鲁克河南下勘察罗布荒原。赫定测量了孔雀河下游库鲁克河干涸河床和塔里木河三角洲的大部分水道，察看了旧罗布洼地最东北的小溪。他不但很快于 1900 年 3 月下旬看到罗布泊的干湖盆即中国人认为的罗布泊，而且测得原先看到的那几个罗布泊残存湖的湖底的绝对高度比喀喇库顺湖低。他还在偶然情况下发现了楼兰古城，同时在古城废墟附近发现了一处洼地，并对它进行了踏勘测量，发现其地面向东北倾斜，并得出高程较南部的喀喇库顺湖水面要低的具体数值。

通过实地观察和测量，他做出罗布泊游移的结论。对于游移原因，他做出如下解释：由于河流进入湖泊时夹带着了大量的泥沙和有机物，不仅抬高河床，也使湖床不断被填充，湖底周期性沉积逐渐导致湖盆的抬升，最终使河流改道，流向对应于原来湖泊另一端的洼地即新湖；而断流的湖很快就会干掉，干涸的湖盆受强烈风蚀作用的影响，抬升的湖盆会再次降低，其结果是河水会再朝这个湖流动。他认为由于风蚀，喀喇库顺湖北部的荒漠正变成更低的洼地，地表变得比该湖低，而与此同时，喀喇库顺湖的湖盆又逐渐淤塞，形成的比例差是双倍的。最终，必然产生的结果就是湖水从南部的湖床溢出，流向北部的洼地。塔里木河的终端湖（罗布泊）不仅在北边的罗布洼地和南边喀喇库顺湖所在的洼地之间摆动，而且在某一段时期里，塔里木河的终端湖会停驻在这两个洼地之间。他认为喀喇库顺湖已经在其北部较低的荒漠移动，如果说 4 世纪罗布泊的位置发生了游移，那最后这两次游移之间所需的时间就是 15 个世纪（不是沉积，而是河流改道）。因此，他还推断经过一段时间后，塔里木河道将北迁，北边的湖会重现昔日烟波浩渺的风采。他的这个“游移说”解释表面上看似乎相当符合当地的水文和气候实际，显得理由充分，很有说服力。

更为巧合的是，1921 年塔里木河由于一个人为的偶然原因改道，与孔雀河汇合，从北端注入罗布泊，使原本日趋干枯的罗布泊又成为水光潋滟的汪洋。本来这只是人为筑坝导致的结果，没想到却被赫定当作自然演变的“游移”论据加以利用，而且时间距楼兰于 4 世纪因塔里木河改道而废弃的时候，正好过去 1500 多年，与赫定提出的游移周期大体相符。赫定后来听说这件事之后，不禁心花怒放。为获得发现“新湖”的优先权，他马上派出当时西北科学考查团的团员霍涅尔（N. Hörner）和陈宗器前往考察、测量，弄清罗布泊的确切位置和大小。他还以难以抑制的喜悦心情写道：我第一次听说我的预言成真。我能在世界上受过教育的人中第一个得知这一消息，真是上帝的造化，即使在小说中，如此情节也会显得离奇。1934 年 4 月，赫定亲自带领中国大地测量学者陈宗器等人到罗布泊考察。为此，他写道：我一直梦想在有生之年在“游移的湖”北部荡舟，如今终于实现，为此我充满了感激。与此同时，喀喇库

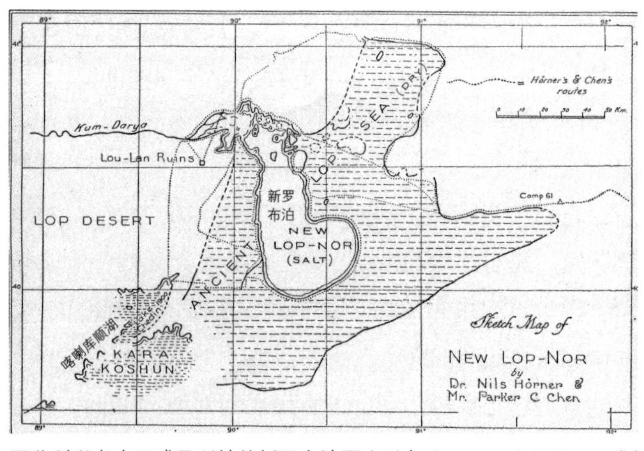

西北科学考查团成员所绘的新罗布泊图（引自“Across Gobi Desert”）

顺湖已经逐渐成为一片荒漠。赫定的理论是如此的完美和经得起“实践”的检验，因此很快为中外众多学者所接受。曾作为学生团员参与赫定等人领导的西北科学考查团工作的刘衍淮后来写道：斯文·赫定曾经断定新疆罗布淖尔的游荡，使该区历史地理上的重大疑案得到了正确的解答。赫定的罗布泊“游移说”在此后的半个多世纪当中，一直产生着广泛的影响。

中国科学工作者揭示罗布泊之谜

罗布泊和它的周边地区，是丝绸之路所经的重要区域，在西域的历史文明研究和中外文化交流史研究中都有着举足轻重的地位，历来受到学术界的重视。另外，罗布泊在历史时期的变化与文明发展之关系的研究，也是中外学人颇感兴趣的问题。与此同时，这里地处干旱中心，是考察水文变化、地质环境变迁的一个很具特色的区域。罗布泊真的是游移的吗？总之，这是一个必须揭开的谜。但这里交通十分不便，考察人员难以进入，环境之险恶超出常人所能想象，素有“死亡之海”之称。要解答这样一个科学问题，所面临的困难不言而喻。中国科技学者对此问题的解答有义不容辞的责任。

1959 年，中国科学院新疆综合考察队地貌组进入罗布泊北部考察。他们发现罗布泊湖水受外围层层自然湖堤的包裹，并受内部地堑活动的控制，其水体不可能在平原上任意游荡或与喀喇库顺湖相互交替，只是湖盆内积水的面积有大小变化，这与河流水沙的补给和地堑的活动密切相关。他们认为至少在历史时期，罗布泊的湖水从来没有溢出湖盆漫到喀喇库顺盆地去过，初步否定了罗布泊“游移”和“交替”的论断。[①]

20 世纪 80 年代初，中国科学院新疆分院的科研人员又先后 3 次深入到罗布泊湖盆地区对湖盆进行勘探测量，对湖底沉积物进行年代测定和孢粉分析，取得大批的第一手资料，结合卫星照片航测地形图及历史文献记载分析，进一步确认罗布泊并不游移。

这期间科学技术的进步，对罗布泊问题的解决起了重要作用。其中，利用地球资源卫星相片，可以俯瞰罗布泊全貌，为研究湖泊动态提供了可靠的科学依据。由罗布泊变干遗留下不同类型盐壳形成的耳轮线呈同心圆分布，也证明罗布泊只有形状大小变化，而从未越出湖盆范围发生游移。

在清代绘制的地图中，可以看出属于这一地理范围的有 3 个湖，它们是台特玛湖、喀喇库顺湖和罗布泊。根据 1959 年的测定，台特玛湖的面积为 88 平方公里，

① 周廷儒．论罗布泊的迁移问题［J］．北京师范大学学报（自然科学版），1978（3）：34-40，97．

平均水深 30 ～ 40 厘米，现已基本干涸，其海拔高程为 807 米。如前所述，喀喇库顺湖早就干涸，1949 年后的地图都没有标出，但卫星相片和地形图高程注记可以恢复湖盆的位置。台特玛湖与喀喇库顺湖有干河道相连，喀喇库顺湖和罗布泊也有干河道相连，河长约 40 公里，坡降 1/4000，直到 1930 年，河中还断续有水流入罗布泊。由喀喇库顺湖是一个淡水湖可以判断，直到 19 世纪末，还有从喀喇库顺湖来的河水流入罗布泊，它并没有干。因此，喀喇库顺湖不是终点湖，罗布泊才是塔里木河和孔雀河的终点湖。罗布泊海拔高程比喀喇库顺湖低，显然水只能由喀喇库顺湖向罗布泊流动，不存在由罗布泊向喀喇库顺湖游移的可能。也许是俄国人和赫定都没有到喀喇库顺湖东边考察的缘故，所以他们未能发现当时喀喇库顺湖仍有水流向罗布泊这一秘密。

另外，中国科学工作者对湖底沉积物进行年代测定和孢粉分析证明，罗布泊长期是塔里木盆地的汇水中心。实地考察不仅证实罗布泊是塔里木盆地的最低点和集流区，湖水不可能倒流，而且还察明赫定提出的游移依据并不存在。他们的考察表明，在干涸前，罗布泊一直是有水环境，20000 多年来沉积一直在进行。它的沉积速度非常缓慢，湖底沉积物入湖泥沙很少（20000 多年来为 8.83 米，年均沉积厚度为 0.43 毫米，3600 年仅 1.5

米）。换言之，干涸后变成坚固的盐壳，短期内湖底地形不会剧烈变化。也就是说，不存在赫定想象的那种河流淤积导致湖盆抬升，以及湖泊干枯后由于风蚀使湖盆降低的结果。这说明，“游移说”是与实际不符的推断。

不仅如此，相关的历史记载也表明，罗布泊并不游移。上面提到《史记》记载：“楼兰、姑师邑有城郭，临盐泽。”也就是说罗布泊（盐泽）在楼兰附近。北魏郦道元撰的《水经注·河水》也记载，蒲昌海在“鄯善东北，龙城之西南”，正是如今罗布泊位置所在。据《新唐书·志·地理七下》记载，唐代罗布泊的位置并未变动。清代不仅有文字记载（《河源纪略》），而且地图——《大清一统舆图》的标示也表明在北纬40°以北，因此也不难断定实际上罗布泊并不会游移。①

至此，有关罗布泊的谜底终于揭开，有关它的游移说也终于成为历史，对它的研究也翻开崭新的一页。

从罗布泊是否为黄河源头、喀喇库顺湖是否为罗布泊，到罗布泊是否“游移”的探索过程可谓发人深省。在此，不禁使人联想起马克思的一句名言：“在科学上没有平坦的大道，只有不畏劳苦沿着陡峭山路攀登的人，才有希望达到光辉的顶点”②。对罗布泊认识的历史考察，愈觉得这句话意味深长，科学的探索需要付出艰

① 夏训诚，樊自立．关于罗布泊是否游移的问题［M］// 罗布泊科学考察与研究．北京：科学出版社，1987：34-40，97.

② 马克思．资本论［M］．中共中央马克思、恩格斯、列宁、斯大林著作编译局，译．北京：人民出版社，1975：26.

苦的劳动，并具备不屈不挠的坚毅精神。

另一方面，从“罗布泊为河源说”的否认，到罗布泊“游移说”的淡出历史舞台，使人们更深刻体会到学术争论对科学结论的产生非常有益。争论不仅能激发学者解决问题的激情，还能促进智慧和毅力的较量，最终使研究深化而得出可靠的结论。所有这些都可以从那些带着问题进入罗布泊考察的探险者和论争时各自提出的假说及提供的依据中看出。毕竟科学问题的解答不能靠浪漫的想象和推测，片面的观察和推断也常靠不住。有时表面看来似乎非常符合逻辑的假说经实际的检验和缜密的分析后被推翻；原先认为已经解决的问题，实际距离真正的答案还远。当然，这种争议是建立在学术基础上的。在与科兹洛夫论争的时候，赫定曾经说过这样一段话：应该把追求科学真理放在这一切考虑之前。很清楚的是，随着我们获得的资料不断增加，我们的视野就会不断扩大，所以，随着我们对这个地区的了解越来越多，相应地应该以一种更为清晰、更富有智慧的目光来看待和解决有关罗布泊的全部问题。这段话至今对我们仍有启发意义。

喜欢探险和“游记”作品的学者一般都会对王安石《游褒禅山记》[①] 的那段著名感悟产生深刻的共鸣。这段感悟是这样的：“古人之观于天地、山川、草木、虫鱼、

① 褒禅山即华山。

鸟兽，往往有得，以其求思之深而无不在也。夫夷以近，则游者众；险以远，则至者少。而世之奇伟、瑰怪、非常之观，常在于险远，而人之所罕至焉，故非有志者，不能至也。有志矣，不随以止也，然力不足者，亦不能至也。有志与力，而又不随以怠，至于幽暗昏惑而无物以相之，亦不能至也。”这段话似乎很适合用来归结上述的认识过程。

无论是罗布泊作为黄河源为人所非，还是这个湖是否游移之争，都给人很好的启示。解决罗布泊是否为黄河源这个问题，可以认为是“非有志者，不能至也”，“然力不足者，亦不能至也”。而揭示罗布泊是否游移的奥秘，体现了诸多学者在追求问题解答中追求真理的勇气和力量。

众所周知，涉足罗布荒原这块举目斥卤之砾的“旱极”荒原十分艰辛，充满危险和挑战。时至今日，无论交通工具和道路状况抑或外出的通信联络、仪器设备和生命保障系统与百年前已不可同日而语，但罗布泊依旧是令人生畏的探险场所。很显然，解答罗布泊是否“游移”这样一个涉及地质地理、水文气象和历史学等多学科的复杂问题，不但要克服前往考察的艰难险阻，而且要对这一地区施行全方位多学科的系统考察，解决问题之难度可想而知。罗布泊之谜的探索和问题的解决，是众多学者前赴后继努力的结果。众多探险家、科考工作者身上体现的那种勇往直前、与恶劣环境抗争、为追求真理而忘我奉献的科学精神正是“有志与力，而又不随以怠”的充分表露。

罗布泊之谜的揭开过程也充分显示，科学问题的解决不仅需要勇气、毅力和智慧，而且需要技术。随着科研环境条件的改善，更加先进的技术设备如卫星探测照片、其他遥感技术的利用，以及方法和观念的进步，科学家对自然的认识和对真理的探索也在不断地深入。原先看来难以解决的问题，现在逐渐变得容易。一些似是而非的解答逐渐被人们所扬弃，自然的真相也更加真实地展现在人们的眼前。或许这也可以视为“至于幽暗昏惑而无物以相之，亦不能至也”的生动表述。科学史上这类例子很多，这也是科学探索的魅力所在。

※ 历史上的科学探险

野外考察是科学探索自然、获取科研资料的重要途径。历史经验表明，考察组织者具备广博的学识素养和敏锐的观察力，能从不同学科角度综合思考问题，并善于随时捕捉任何可能的新发现的素质非常重要。一支拥有不同学科专家参加、可发挥综合优势的科考队伍效率更高，更容易解决各种科学问题，获得的成果也将更加引人注目。瑞典探险家斯文·赫定在华考察活动很好地表明了这一点。

早期在中国西部的考察

受其导师德国地质学家李希霍芬和俄国人普热瓦尔斯基的影响，地理学家斯文·赫定从 19 世纪末开始，多次到中国西部的新疆、西藏考察，取得了巨大的学术成就。首先，他在地学有许多重要发现。1894 年，他攀登了号称“冰山之父”的慕士塔格峰，考察了那里的冰川和地貌。翌年，赫定率队试图由南向北完成穿越塔克拉玛干沙漠。虽因队中随员没按要求带足饮用水，折戟沉沙差点命丧黄泉，但大难不死的他并未因此气馁，反而因此次的挫折，加深了对沙漠严酷环境的认识，激发进一步深入大漠和高原，探索其中奥秘的强烈欲望。1896 年，他来到和田附近的沙漠考察。后来又往东调查罗布泊的位置及相关水系，试图证实李希霍芬的观点，即普热瓦尔斯基发现的所谓“罗布泊”不是真正的罗布泊，而是新近形成的大湖。对那里的水系进行了初步的考察。1900 年，为了上述目的，他再次到库尔勒和罗布荒原一带考察。

1901 年，他前往柴达木盆地和藏北高原考察。沿途冒充香客，试图进入拉萨，但途中受阻，未能如愿，后来转往印度，沿途考察地理。翌年又到西藏和新疆考察。1906 年进入西藏西部，后来到达长江源头的那曲一带。1907 年初在班禅的帮助下，到达西藏南部。下半年考察了雅鲁藏布江和印度河源头。接着到西藏西部考察。1908 年六七月间发现与喜马拉雅平行的冈底斯山，成为当时轰动一时的重要地理发现。

凭借其广阔的学术视野，赫定考察工作所获得的成果远不止地学一端。在生物学方面，他收集了大量的动植物标本，包括在罗布泊地区收集的野骆驼、鸟类和鱼类标本，以及颇具新疆和青藏高原特色的一些大型兽类标本，如藏野驴、野牦牛、棕熊、藏羚羊、盘羊、狼和其他一些兽类的标本等。特别值得一提的是，1899—1900 年，他在叶尔羌和塔里木河流域考察时，收集到当地的珍稀动物、现已绝灭的新疆虎标本。此外，他还注意到罗布泊地区为野牦牛的中心分布区。

斯文·赫定绘制的盘羊和藏羚羊头部

在考古学方面，他的发现非同寻常。1896 年，他在和田附近沙漠考察时，发现了丹丹乌里克和喀拉敦等古代丝绸之路中重要的佛教城镇遗址。1900 年 3 月，斯文·赫定率领驼队进入罗布荒原考察时，受雇于赫定的罗布人奥尔德克偶然发现一处古城遗址。1901 年初，赫定经过精心的准备，组织了一支骆驼队前往发掘。他们几乎没费什么周折就在 3 月初到达目的地。让人意想不到的是，这次考古发掘的是古代丝绸之路上的重镇——楼兰遗址，成功揭开了《史记》记载的楼兰古城的面纱。他在这里发掘出大批史学价值极高、驰名中外的文物，其中包括不少罕见的古代文献、120 枚汉简、毛笔、古钱，等等。这个被淹没了 1500 多年古城的重见天日，立即震惊了整个世界，也使斯文·赫定蜚声中外。而他的这一发现也是美国地理学家亨廷顿（Ellsworth Huntington）后来到新疆考察，写下《文明与气候》（*Civilization and Climate*）的灵感源泉。他为中国人习知的主要原因不是上述众多的地学和生物学发

楼兰佛塔

现，而是对丝绸之路重要古城址楼兰遗址的考古发掘。

组织中外合作科考

1926年，斯文·赫定得到德国汉莎公司的资助，率领大规模考察队到中国西部考察。当时德国打算开辟从柏林到中国北京和上海的航线，让他领队到中国西部调查由乌鲁木齐到北京沿途的气象情况。在北京，赫定的探险计划起初遭到一些挫折，但经过一番的商谈，最终和中国学术界达成协议。1927年5月，赫定和徐炳昶领导了中瑞合作的西北科学考查团前往中国西部考察。此次科考，原先目标主要是对内蒙古、新疆地区气象情况及天山地区和南山地区的地质学、古生物学进行调查。后来发展为不仅有天文、气象、地质地理和生物等自然科学领域的考察，还有民族学、考古学等人文社会科学领域的考察，填补了许多地区的考察空白。作为一名老练的探险家，他会详尽了解前人已经进行过的工作，并结合自己以往的工作进行深化。因此，在规划时，他就考虑到罗布泊或者“丝绸之路”的某一段考察以补充地理资料或者考古资料，考察沿途的体质人类学和不同地区人民的生产生活方式。不仅如此，他还善于听取学术界的建议和意见，考古队员贝格曼（Bergmann）就是他听取首先在中国进行田野考古的安特生（Johan Gunnar Andersson）的意见吸收入队的，目的是调查“中华文明西来说”是否能找到证据。如此众多交叉学科的综合科考，不但考察内涵极为丰富，可探索亚洲腹地的许多自然科学领域的问题，而且对厘清中国西部在中外文化交流与传播中所处的地位，以及考察人类迁徙与环境变化的关系，有着重要意义。

此次野外科学考察历时6年多，涉及河北、内蒙古、宁夏、甘肃、青海、新疆和西藏数百万平方公里的广袤地区，收集到大量的第一手科学资料。中国还因此培养了一批卓越的青年科技人才，如气象学家李宪之、空军气象开拓者刘衍淮、地磁学家陈宗器、地质学家丁道衡和中国西域考古开拓者黄文弼等。

合作考察成果

这次到中国西部考察，赫定取得巨大成功，成果丰硕，影响深远。在气象方面，通过组织气候观测网及施放气球和风筝探空观测，测定出海拔4000米以下各层的气压、气温和湿度；收集了大批第一手资料，为1931

年顺利开通北京到乌鲁木齐迪化的航线，以及开辟从河北北部到新疆的“绥新公路”奠定基础。在地质矿产方面，丁道衡发现白云鄂博铁矿，后来成为包钢原料基地和著名稀土矿区。瑞典地质学家那林在库鲁克塔格、东天山和藏北等地的地质考察，是这些地区开拓性的工作。在大地测量学方面，安博特（Amboldt）在南疆和西藏西北部的天文学定点和重力测量及地磁观测方面的工作，填补了这一地区此类工作的空白。在地理学方面，中外队员在新疆和内蒙古等地考察期间，对走过的不同路线和不同地区都进行过各种测量，并绘制成大量地图。霍涅尔和陈宗器及那林对罗布泊的变迁的考察及周边水域地图的测绘，在甘肃北部和额济纳河流域的地理学测量，以及赫定等人对东西居延海的地理位置和水文变迁方面的调查都是非常出色的成果。霍涅尔和贝格曼绘制了额济纳河及其三角洲的地图，这是近代首次对东西居延海和弱水水系进行科学考察。

在古生物方面，中方队员袁复礼和瑞典队员布林、贝克赛、那林都取得丰硕的成果，发掘出众多古生物化石。袁复礼和布林等在北疆、甘肃、内蒙古等地发现的恐龙化石也有非常重要的学术价值。袁复礼先生对自己的发现，曾自豪地写道：“如此众多而完整的爬行类化石，在当时世界各国是很少见的。”黄汲清指出，布林

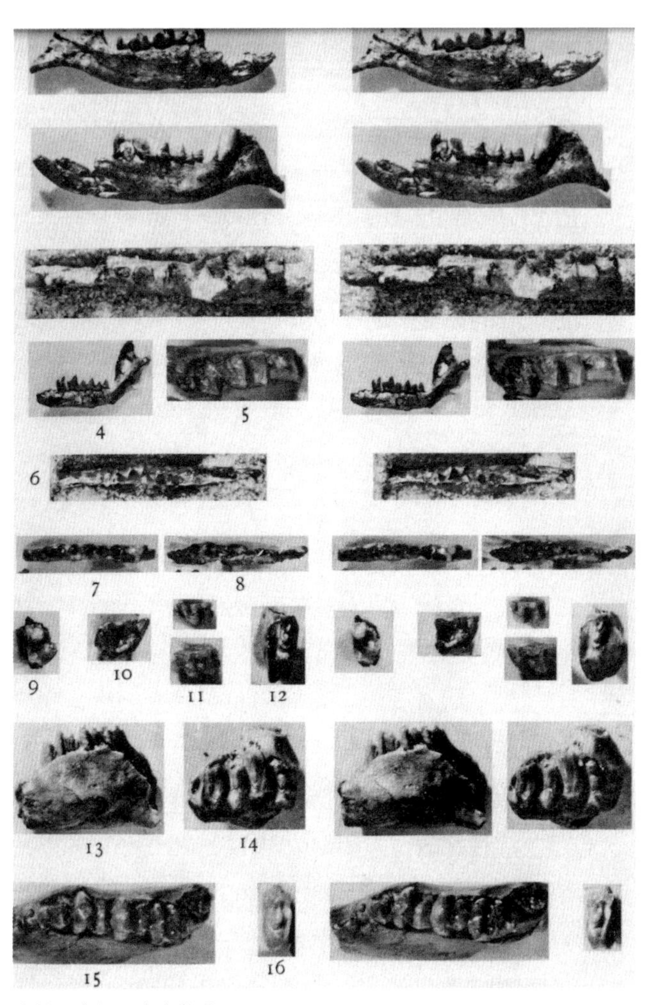

布林所发掘的古生物化石

在脊椎古生物研究方面有“不朽贡献”，至今中国科学院古脊椎动物与古人类研究所的邱占祥等学者仍在深化布林等在南山走廊的工作。在生物学方面，瑞典的赫梅尔（David Hummel）等人收集了数以千计的动植物标本，郝景盛在青海植物地理方面做了开拓性的研究工作。

在考古学方面，贝格曼在额济纳河有不少重大发现。先后发掘出1万多枚的“居延汉简”，堪称具有划时代意义的考古发现，被认为是20世纪前期与殷墟、敦煌文书并列的三大考古发现之一。此前，王国维曾对西部地区发现的零星汉简（所谓“流沙坠简”）的史学价值给予高度的评价。后来研究居延汉简的劳干因此成为台湾“中央研究院”院士，“简牍学”也因此成为一门新兴的学科。贝格曼在新疆发掘的小河遗址，于21世纪重新发现后，又成为一个考古的热点遗址。贝格曼的古居延城调查结合霍涅尔的第四纪地质考察和现代湖盆调查，对考察水系变迁等环境因素与人类活动之间的复杂关系意义重大。在民族学和宗教方面，丹麦团员哈士纶（Henning Haslund-Christensen）比较细致地考察了当地蒙古族的民间工艺和民族乐器。赫梅尔医生和哈士纶沿途对蒙古族、维吾尔族、藏族牧民做了不少人体测量和血型测定方面的工作，还拍摄了大量的照片。这种调查对了解沿着丝绸之路各民族之间的交融和文化的传

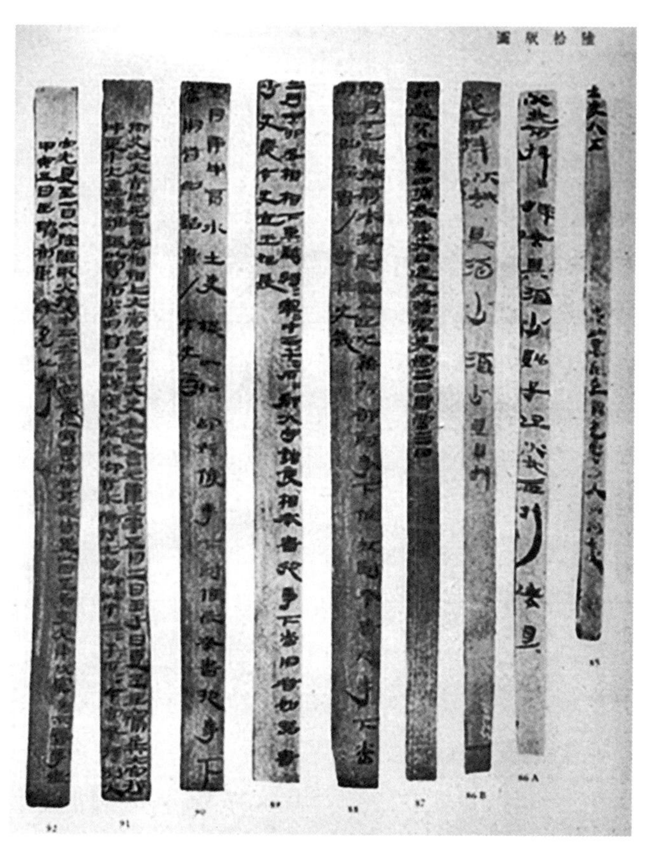

居延汉简

播交流皆具重要学术价值。

迄 1997 年，瑞典方面已经出版考察报告 56 卷，还有植物学等方面的考察成果尚未来得及整理。

多学科综合考察的优势

此次西北科学考查团的考察活动充分表明，不同学科结合在一块考察，成果众多，效率很高。对于学术问题的解决和研究的深化都大有裨益。赫定早年在进行地理学考察的时候，发现了楼兰遗址，他注意到地理环境变迁与古人生活居住地迁徙的关系。他很注重用考古所得的历史知识来考察当地的河流和水系曾经的变化，从而注意到学科交叉对工作深入的重大意义。而他的同胞安特生则注意古生物学与史前考古学研究的交叉。他们在考察的时候，不断地进行体质人类学的调查，同时沿丝绸之路进行考古，调查沿线各历史时期居住的人种，并将调查结果与考古研究、民族学相关资料进行比较，以了解各历史时期民族的迁徙情况，进而分析文明的碰撞、文化的交融。

考查团无论是在新疆、伊朗或是额济纳的考古，实际上是围绕丝绸之路的废弃城镇和文明展开的，这条路的最大特点就是文化的交流和文明的交汇。而沙漠绿洲的变迁和水系的变迁，不仅关系路线的变迁，同时也关系到人类活动与环境的变化。以罗布泊及其周边地区为例，楼兰遗址与当地河道的变化密切相关。罗布泊周围的墓葬也展示了这里曾经有过的生活图景。考古就是将这种图景全面展示出来，考察环境与人类的依存关系都是很有实际意义的课题。因此，贝格曼、赫定和陈宗器在罗布泊的考古，哈士伦和贝格曼在当地的体质人类学和民族学调查，加上那林在周边地区的地质考察，以及霍涅尔、陈宗器和赫定在罗布泊的地理考察和测量，对深入认识这一地区的自然演化、人与环境的关系乃至民族的迁徙都提供了非常有说服力的依据。

与上述情况相类似，地质学家霍涅尔和考古学家贝格曼在额济纳河下游地区考察的配合也很有效。霍涅尔在做地质调查时，对黑城（喀喇浩特）与额济纳河的分流点及旧居延湖的发现，对贝格曼的工作——确定古居延城的可能所在、河流河道的迁徙与黑城城池兴废的相关关系等，都有很大的帮助。而赫梅尔在当地的体质人类学调查结合芒太尔（G. monteu）等的民族学调查和贝格曼的考古学调查，对于研究这里的民族迁徙和土地利用的变化情况及中外文化交流都有重要价值。瑞典方面的考察报告有许多的地理学、考古学、民族学的专著，环境变迁、文化的交融和文明的演进因此得到很多的线索，人类学的真谛在此得到相应的反映。

罗布荒原和罗布泊周边的水系调查及动物标本收集，额济纳居延海三角洲的调查，以及当地的动物观测与收集，对上述地区动物区系研究和后来的变迁、当地一些重要哺乳动物如野骆驼的保护有重要意义。

上述综合考察结果，颇有些古代哲人所谓“究天人之际，通古今之变”的意味。我们如今的考察很少有类似的文理综合。一般科研机构组织的考察不会考虑人类学、历史与考古这类问题。这种区分太细的科学考察从学术的全面性和整体性来看是有偏差的。其实文理学科的交叉对解决重大学术问题是很有帮助的，如人类发展史与地理环境、体质人类学与史前考古学关系都异常密切。西北科学考查团的工作在这方面对如今的工作很有借鉴意义。

⁕外人在华建立的博物馆

近代西方人来华后，对这个陌生的国度兴趣浓厚，随即开始搜集当地的自然物产、历史文物等相关资料。不仅如此，他们还在中国建立相关机构，以便于标本资料的收藏和研究，其中就有自然博物馆。虽然这些博物馆当时开放度很小，对中国博物学影响不大，但起了开风气的效果，对中国后来的博物馆建设也起了某种铺垫作用。

韩伯禄博物馆

近代来华的法国传教士中，不乏能吃苦耐劳且对博物学具有献身精神的人物。无论是送回冬虫夏草的巴多明（Dominique Parrenin），抑或是收集了大熊猫、麋鹿、金丝猴和珙桐等众多生物标本的谭卫道，都堪称这类人中的典型代表。1868 年来华的法国天主教耶稣会传教士韩伯禄（Pierre Heude）也是非常杰出的一位。他非常痴迷于动物标本收集，是最早在中国创建博物馆的西方人。来华当年，他即在上海筹设博物馆，并于1873年正式建成。博物馆的建立，给贮藏和展览自己搜罗的动植物标本和文物，以及有关中国动植物的研究文献，提供了极大的便利。韩伯禄博物馆设在徐家汇天主教堂旁（今浦西路221号），故称徐家汇博物院（Museum of Natural History）。

作为一名传教士，韩伯禄可谓执着而顽强。来华不久，就到中国南方各地收集动物标本。他先找到常在闽江上游武夷山区打猎的唐春营父子帮忙收集福建的鸟兽标本，其后又在江苏、安徽等地收集过许多鱼类、爬行类（主要是龟类）及介壳类软体动物标本。此外，他还收集了不少哺乳类、鸟类和蛇类等其他类型的动物标本。同时，他还在毗邻中国的周边国家收集过动物标本。

韩伯禄死后，博物馆由法国传教士柏永年（F. Courtois）、郑璧尔（R. P. Piel）等继续经营。随收藏的标本资料不断增多，原来房舍渐不敷用，1931年迁入吕班路221号（位于今重庆南路225号）震旦大学内新建的馆址，成为该校附属机构，改称震旦大学博物院，法文名称则为韩伯禄博物馆（Le Musee Heude）。迁址后的展馆分为三层，每层设两个展厅。底层展出中国历代的文物，上至商周、下至明清的都有。种类包括石器、玉器、铜器钟鼎、瓷器画屏、古砚、古墓中出土的各种古玩陶俑，以及古佛肖像、历代服饰等。可供展出的古物有 3500 余件。二层主要展出脊椎动物标本，其中包括狮子、老虎、豹、犀牛、大象、熊、河马、鲸、鳄鱼、龟鳖、海马等各种类型的动物标本。进门处挂着韩伯禄旅行路线图和本馆展品采集区域图。三层主要展出贝类等无脊椎动物标本和收藏昆虫及植物标本。此外，馆中还设有研究室、试验室、图书室和摄影室。1933 年正式对外开放，每个星期开放 5 个半天，门票 20 分。博物馆南面另辟一个植物园。

经过数 10 年的惨淡经营，博物馆除陆续送给西方各大博物馆许多标本供相关专家研究之用外，馆藏依然非常可观。馆内有脊椎动物标本 6375 件，其中鸟类标本 3435 件，昆虫标本 20 万件，蚌类标本 1300 件，植物标本 51600 件。除中国本土的标本外，还有采自越南、泰国、日本、菲律宾、马来西亚等地的动植物标本。植物标本收藏当时号称远东第一。博物馆还发行有《中华帝国博物纪要》等学术刊物。韩伯禄本人对于贝壳类和兽类动物的研究情有独钟，曾经出版过《南京地区河产贝类志》(*Conchyliologie Fluviatile de la Provincede Nanking*)。不过，他的研究过于粗疏轻率，不被学界认可。后来担任该馆馆长的柏永年和郑璧尔则对鸟类和昆虫的分类及生态有过一些研究。总体而言，该馆在建成

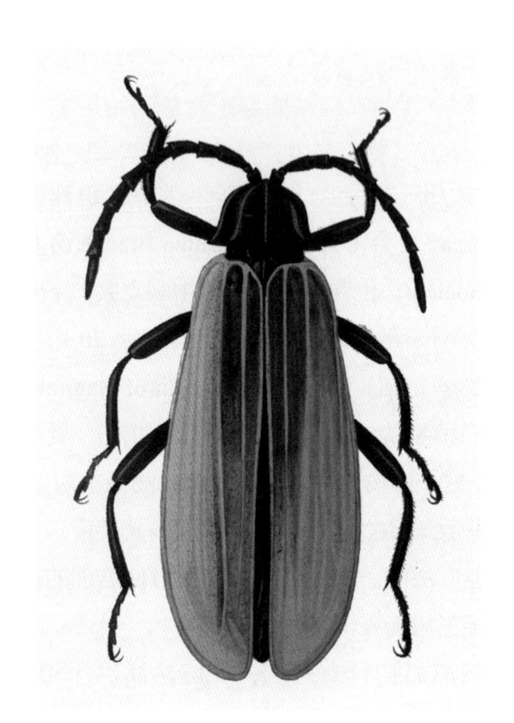

博物馆出版物中的昆虫插图（红萤）

后很少对公众开放，在当地影响有限。

1953年，中国科学院接管了韩伯禄博物馆，该处成为昆虫研究所上海工作站（中国科学院上海昆虫研究所前身）的办公场所。上海昆虫研究所以接收的馆藏标本和图书为基础建立起自己的昆虫标本馆和专业图书馆。

上海博物院

紧步法国人后尘，在华英、美侨民组建的文化机构——亚洲文会（The North China Branch of the Royal Asiatic Society，也称亚洲文会北中国支会），于 1874 年在上海圆明园路 5 号（今黄浦区虎丘路 20 号）也设了一个自然博物馆（Shanghai Museum of Natural History，时称上海博物院或上海自然历史博物院）。受经费和空间所限，这个博物馆开始时以收集动物标本为主。其时，恰巧在华收集动物标本的谭卫道因病入膏肓，无法继续工作而返回法国。博物馆随即雇了经他培训的动物标本收集助手王树衡来馆工作。

博物馆最初只有两层，一层是演讲厅和阅览室，二层是博物馆室和图书馆。1881 年，英国大黄蜂号（H. M. S. Hornet）军舰上的外科医生、曾在香港做过地质考察的古比（H. B. Guppy）捐给博物馆一批地质古生物标本，奠定了该馆地学标本的馆藏基础。不久，热衷在华收集动物标本的斯特扬（F. W. Styan）成为博物馆负责人[①]，馆中的鸟类标本迅速增加，成为数量最多和最重要的收藏。英国鸟类学家拉陶齐（J. D. D. La Touche）曾研究过馆藏的鸟类，并捐赠过一些鸟兽和昆虫标本给

① 这个博物馆的负责人并非专职，皆为名誉性质。

该馆。1906 年在英国医生斯坦利（A. Stanley）任馆长期间，受其兴趣的影响，馆中两栖爬行类的动物标本增加了不少。从那时开始，唐启旺（旺旺）开始到博物馆工作。他是唐春营之子，原为福州的猎户，拉陶齐请他们帮助收集动物标本，同时传授他们标本制作技术。后来，唐家成了中国著名的动物标本制作世家。从 1921 年开始，唐启旺的儿子唐瑞芳也为博物馆收集动物标本。这个博物馆收藏的动物标本以唐家父子收集居多。一直到该馆被上海自然博物馆接收，仍有唐家的后人在新馆继续工作。

在博物馆建成的前 30 多年中，走马灯似的换了十几个负责人，这些人任职时间短且不用心，博物馆一直没有什么起色。期间只有福威勒（Albert-Auguste Fauvel）和斯特扬是有些造诣的博物学家。福威勒曾研究过中国的一些动物，扬子鳄的学名即为他所定。直到斯坦利当馆长的时候，馆藏数量才有较大的增加，并形成自己的特色。到了索尔比（A. C. Sowerby）任馆长的时候，博物馆得到了进一步的发展，各种设施趋于完善。

随收藏的标本不断增多，加上原来的会所过于逼仄而且破败不堪，1933 年，亚洲文会通过募捐在旧址上盖了六层的新楼。中国著名医学家伍连德等人为此捐献了 20000 大洋，一楼的演讲大厅因此冠名为“伍连德

上海博物院开馆情形

厅”；二楼为图书馆；三楼陈列动物和古生物等标本；四楼陈列古器物和美术作品，也称美术馆。同年夏天和秋天，博物馆对公众开放。由于展览馆的面积增加，动物的标本得以按照模拟自然条件安放。除动植物标本外，该馆还收藏有地质学、考古学和人类学的标本。不同的部门设有专人负责，较好地发挥了收藏、展览、研究诸方面的功能。

经过半个多世纪的收集，馆中收藏了较为丰富的各种类型的动物标本，包括大熊猫、西藏棕熊、扭角羚、岩羊、鬣羚，各种鹿、猿、猴等兽类；天鹅、大雁、雉鸡、鹤、各种野鸭和鹰隼等鸟类；海龟、大鲵、扬子鳄和游蛇等两栖爬行类，以及鱼类、昆虫、甲壳类和其他水生动物标本。其中，大熊猫和扭角羚标本为华裔美国人杨

上海博物院展览的大熊猫绘画

杰克等人于20世纪30年代在四川汶川所获，赠给博物馆的。当然馆中也收藏有一些植物标本和地质古生物化石标本。

1951年，上海市文管会接管了亚洲文会博物馆。当时有生物和矿物标本20328件、历史文物6663件。1956年，上海市文化局在其基础上加上来自韩伯禄博物馆的部分标本建立了上海自然博物馆。

天津北疆博物院

法国传教士在上海建立自然博物馆后，并没有因此满足。1914年，一个同样对中国博物学研究有浓厚兴趣的法国传教士桑志华（E. Licent）来到天津。考虑到在南方已有韩伯禄博物馆为基地从事相关的研究，但对中国北方大地包括华北地区和西北地区的自然资源、地质古生物和动植物区系的研究仍然非常薄弱，他认为应该设立一个博物馆作为资料收集和研究中心，于是着手筹建天津北疆博物院，法文名称为黄河白河（海河）博物馆（Musee Hoangho Paiho）。

和韩伯禄一样，桑志华也是一位颇为坚毅的博物学者，从设立博物馆开始，就规划要系统考察黄河、海河流域及其周边地区，包括内蒙古、宁夏和青海等地。在馆中收藏和研究上述地区采集的地质古生物、人类学和动植物标本等，同时给西方相关研究机构提供收集到的资料，并出版学术刊物。他的规划获得法国教会的大力支持，得到天津献县教区提供的崇德堂作为办事处。

桑志华曾于20世纪20年代长期在黄河流域考察，并收集标本资料。很快，该馆就收藏了他本人收集和其他人捐赠的大量人类学、动植物学和地质古生物标本。其中有丰富的昆虫标本和新生代古生物标本。桑志华送了一些人类学的标本给巴黎的古生物学家布莱（M. Boule），后者给了学生德日进（P. Teilhard de Chardin）。德日进为了协助桑志华研究古生物，于1923年从法国来到北京。桑志华和德日进在华的旧石器考古工作颇具开创性。1920年，桑志华在庆阳赵家岔和辛家沟采集到三件旧石器，这是中国最早的旧石器考古记录。1922—1923年，他单独或和德日进在河套地区

德日进

进行野外考察时，在宁夏灵武县（今灵武市）水洞沟、内蒙古乌审旗大沟湾和陕西榆林的油房头发现了三处旧石器遗址。在对前两处进行挖掘后，发现了“河套人”的门齿。后来水洞沟遗址被认为是最早发现、发掘和系统研究的中国旧石器时代晚期文化遗址。

桑志华的兴趣并非局限于此，他一直异常勤奋地收集黄河流域有关地学、生物和文物标本。期间曾送回法国巴黎自然博物馆和欧洲其他大博物馆许多来自中国西北内蒙古鄂尔多斯一带的文物、古人类学、古生物学和生物标本，供相关的专家学者研究。他自己也写有鸿篇巨制的关于黄河流域的调查报告，包括《黄河、白河流域考察报告（1914—1923）》《黄河、白河流域十一年（1923—1934）考察报告》。据说，他还对山西的植物有较多的研究。博物馆还有其他一些雇员做研究工作，也有自办的研究刊物。

为了置放日益增多的各种收藏品，桑志华在1923—1930年先后在马场道法国教会办的工商学院内（今河西区马场道117号天津外国语大学内）建立了南楼、陈列馆和北楼，并于1928年正式对外开放。但开放的时间短，标签又用法文书写，对公众的影响很小。

1940年战乱期间，博物馆负责人将部分重要的标本和图书资料转到北京，后来一些为中国科学院古脊椎动物与古人类研究所收藏。1951 年，天津市政府接收了北疆博物院，翌年在其基础上建立了天津人民科学馆，1958 年改名天津自然博物馆。1952 年清点的时候，馆藏总计有各种标本 20 余万件，其中包括地质标本 12225 件、动物标本 145311 件、植物标本 61659 件、图书 15752 册，它们构成天津自然博物馆的重要馆藏和建馆基础。

⁂ 中国古代的蚊香

蚊子是中国各地常见的一类吸血昆虫，古往今来，国人深受其害。尤其在夏天，它在污水沟、脏水坑等藏污纳垢之处大量繁殖，嗡嗡乱“叫”，吸血散毒，严重影响人们的休息和健康。深受其害的中国先民，想方设法避其伤害，在认识其怕烟等习性之后，最终发明了用艾草等原料制作的蚊香。

蚊子的危害和习性

蚊子形体虽小，对人的危害却很大。其中之一就是叮咬人体，严重影响睡眠和休息。古代哲人老聃曾指出，蚊虻咬人，让人通宵没法入眠。这也是很多人都有过的切身体会。它繁殖迅速，能在短期内大量繁殖，故《汉书》有“聚蚊成雷”之说。尤其中国南方，水乡泽国、气候温暖潮湿，入夏蚊子奇多。一到傍晚，蚊子就如影随形，团团围在身旁，伺机攻击，弄得人怒火中烧而又无可奈何。人们厌恶这种虫子由来已久，历史上细数其吸血并破坏人类正常生活恶行的诗文不胜枚举。

晋代学者傅选《蚊赋》这样写道：“众繁炽而无数，动群声而成雷。……餐肤体以疗饥，妨农功于南亩，废女工于杼机。”形象刻画出蚊子侵蚀人畜机体、让人疲于奔命、严重影响人们的睡眠和休息进而影响日常的生产和生活的种种“罪状”。唐代诗人皮日休《蚊子》诗

明代《本草品汇精要》艾的插图

也写道："隐隐聚若雷，嚼肤不知足。皇天若不平，微物教食肉。贫士无绛纱，忍苦卧茅屋。"生动地道出大量滋生的蚊虫，对缺乏蚊帐的贫穷民众的残害。当时另一诗人韦楚老《江上蚊子》更是不无悲情地写道："飘摇挟翅亚红腹，江边夜起如雷哭。请问贪婪一点心，臭腐填腹几多足？"对蚊子的丑恶、发声的恐怖、叮咬吸血之无情和贪婪充满无奈。

蚊虫危害之严重，还在于其危害地域广且时间长，加上其行踪飘忽，容易隐藏，善于攻击和逃跑，难以防范和消灭，越发让人感到棘手。唐代吴融的《平望蚊子》写道：

天下有蚊子，候夜噆人肤。平望有蚊子，白昼来相屠。

……

吾闻蛇能螫，避之则无虞。吾闻蚕有毒，见之可疾驱。唯是此蚊子，逢人皆病诸。

诗人在比较各地的蚊子之后，认为平望[1]的蚊子最凶狠，在比较各种毒物的危害程度之后，认为蚊子是让人最无奈的毒虫。

蚊子危害不但严重，而且周期很长，宋人对此有很

① 今属江苏吴江。

形象的描述。诗人秦观《冬蚊》诗吟诵道：“蚤虿蜂虻罪一伦，未如蚊子重堪嗔。万枝黄落风如射，犹自传呼欲噬人。”认为在各类害虫中，蚊之危害尤烈，直到寒凉的深秋初冬仍然还要叮人。诗人杨万里《宿潮州海阳馆独夜不寐二首》无奈地吟出：“腊前蚊子已能歌，挥去还来奈尔何。一只搅人终夕睡，此声元自不须多。”同样感喟蚊子危害期的冗长。而华岳的《苦蚊》诗也曾很形象地写出自己夜间与蚊子战斗的惨烈。诗中写道：“四壁人声绝，榻下蚊烟灭。可怜翠微翁，一夜敲打拍。”这些都道出了对这种虫子危害的愤懑和无奈。稍后，方一夔《夜坐苦蚊》诗，更是用生动的笔触，历数蚊子“咀肉吸血，作恶多端”的种种恶行却难以驱除。其诗云：“万物有常理，动息随昏昕，区区虫豸中，恶毒无如蚊。”

基于长期观察，中国古人发现，蚊子不仅叮人吸血，还传播疾病，致人和动物病亡。宋代著名学者欧阳修写的《憎蚊》感叹：“虽微无奈众，惟小难防毒！”宋代袁文《瓮牖闲评》记载这样一件事：“秦州西溪多蚊子，……有吏醉仆，为蚊子所啮而死，其可畏有如此者。”蚊子之毒，让当时的人不寒而栗。冒名苏轼的《物类相感志》记载，鳖与蝤蛑（一种螃蟹）被蚊子叮了就会死亡。在环境卫生很差的社会条件下，有人不禁哀叹：“昼苦青蝇夜苦蚊，乾坤无地着闲身。”明清时期，不少学者注意到，蚊子咬后常导致人畜生病。明代国子监主管官员章懋在其《枫山集》记载过这样一件事。他说南京后湖，“冬月苦寒，夜无灯火；夏月盛暑又多蚊蚋。兼以土地卑湿，水泉污浊”，到那里做复核黄册工作[①]的监生“多致疾病而死”。明代医家李时珍指出，蚊虫各地都有，冬蛰夏出，昼伏夜飞，细身利喙，咬人吸血，危害极大。清代有人指出，战争期间潜藏在草丛间蚊蚋的叮咬，导致人员和马匹都发病。

蚊虫危害惨烈而普遍，中国古人很早就开始关注其生态习性。据说汉代的东方朔已经知道蚊子“长喙细身，昼亡夜存，嗜肉恶烟”，五代诗人杨鸾《即事》诗有所谓“白日苍蝇满饭盘，夜间蚊子又成团”，都道出蚊子有昼伏夜出的习性。宋代博物学者罗愿有更仔细的观察，他在《尔雅翼》一书中指出：“蚊者，恶水中孑孓所化，噆人肌肤，其声如雷。东方朔隐语云：长喙细身，昼亡夜存。嗜肉恶烟，……其生草中者吻尤利，而足有文彩，吴兴号豹脚蚊子。”当时的人们还发现，蚊子发出烦人的声音，并非其叫声，而是鼓翅的声响。同时留意到蚊子喜欢在温热的水域中生活，注意到它们主要在水中繁殖，常潜藏在隐蔽、阴暗的草丛中或通风不良之处。在寒冷的地方则没有这种害虫，所谓“漠北高凉，不生蚊蚋”。[②]

① 明代国家为核实户口、征调赋役而制成的户口版籍。
② 魏收．魏书：卷35［M］．北京：中华书局，1974：816.

蚊香的发明

从上述东方朔的言论不难看出，至晚从汉代开始，人们已经注意到蚊子怕烟。为了防止蚊子的祸害，人们逐渐发明了蚊帐和蚊香。蚊香的发明可能与古代烧香祭祀的习俗有关。众所周知，中国很早就开始了烧香祭祀的习俗。最早记载这一习俗的是《诗经·周颂·维清》："维清缉熙，文王之典。肇禋。"意思就是周人通过燔柴升烟来祭天，称作"禋"或"禋祀"。后来《周礼·春官·大宗伯》记有大宗伯之职包括："以禋祀祀昊天上帝，以实柴祀日月星辰，以槱燎祀司中、司命、风师、雨师。"那时还没有开始焚香，烧的只是一些柴草和布帛以形成烟，来祭祀上帝和各种神灵。《周礼·天官冢宰第一》提到"甸师"职责有"祭祀，共萧茅"。这里的萧是一种菊科香草。约从汉代开始，才有真正的"烧香"。考古学家曾从河北满城汉墓出土过香炉。《西京杂记》记载西汉长安巧匠丁缓不但重新制作出"卧褥香炉"（也称"被中香炉"），而且创制"九层博山香炉"。《博物志》记载，汉武帝时曾有通过焚烧"香"以"辟疫气"的做法。另外，《后汉书》有"香薰之饰"的记述，说明当时王公贵族烧香以改善起居环境。同书"贾琮传"记载华南和中南半岛一带，产各种香料和珍贵木材。说

香炉

明烧香从“与神明沟通”到“辟疫气”“薰饰”，随香材质的变化，功能也在扩大。由于蚊子危害剧烈，古人又知道它怕烟，在此基础上衍生出以“驱蚊”为目的的“蚊香”，也就顺理成章了。

另外，蚊香的发明还可能与古人端午节的卫生习俗有关。《荆楚岁时记》记载：“端午四民踏百草，采艾以为人，悬之户上，禳毒气。”早年端午节人们除在门口插上艾草外，还常浸泡雄黄酒涂在身上。这样做可能使空气清新一些，另外还有防止蚊子叮咬的作用。记得笔者年幼的时候，村里的长辈常常会于端午节在小孩额头点雄黄酒的时候就说可以防止蚊子咬。当然一般家长还会给自己的孩子挂上一个香袋，再吃一些蒜头，以增强

防病和驱虫的效果。

蚊香出现的具体时间现在还不太清楚。欧阳修的《憎蚊》诗有"熏之苦烟埃，燎壁疲照烛"，从中可以看出人们已用烟熏的办法驱蚊。虽然欧阳修的诗中没有提到用何种材料产生烟雾，但宋代的其他文献有不少这方面的资料。

欧阳修的好友梅尧臣曾在诗中提到用艾驱蚊。在《和江邻几景德寺避暑》一诗中，他写道"枕底夕艾驱蚊虫"；在《次韵和永叔夜闻风声有感》中，他写道"驱蚊爇蒿艾"。这里的艾和上述古人祭神烧的蒿同属菊科蒿属植物。另外，宋代《孙公谈圃》也提及用艾熏蚊。书中记载："泰州西溪多蚊，使者行，按左右以艾烟熏之。"这些史料表明，艾这种有特殊气味、很早就被用于"辟疫"（禳毒气）的菊科植物，至晚在北宋时已经开始被用于熏蚊。当然，它被用来制作蚊香，与其易燃，长期以来被中医当作灸的材料有关。《名医别录》记载它"主灸百病"。根据宋代《本草衍义》记载："艾叶干捣筛去青渣取白，入石硫黄为'硫黄艾灸'。"很可能是在这种"硫黄艾灸"的传统制作工艺基础上，人们联想到将其制作成实用的"蚊香"。

宋代冒苏轼之名编写的《格物粗谈》记载了当时蚊香的制作方法："端午时，收贮浮萍，阴干，加雄黄，作纸缠香，烧之，能祛蚊虫。”这里以浮萍和雄黄制作的“纸缠香”应是较早的蚊香，其形态为有芯的棒香（古代也称棒儿香）。值得注意的是，这里提到制作蚊香时，于端午节取材，不禁让人联想到“蚊香”与这个节日插艾草和使用雄黄酒“禳毒”有密切的联系。同书还记载“水中浮萍，干，焚烟熏蚊虫则死”，“烧鳗鲡鱼骨，蚊虫化为水”。另一冒名苏轼编写的《物类相感志》记载“麻叶烧烟能逼蚊子”。以上说明浮萍干、雄黄、鳗鱼骨和麻叶都有驱蚊作用，浮萍被人们用作蚊香的材料在情理之中。东汉《神农本草经》记载，浮萍主治“暴热身痒”，后来又发现用之熏烟可以驱蚊。雄黄为硫化砷矿石，也是古代用途很广泛的杀虫剂。同书记载雄黄“杀精物、恶鬼、邪气、百虫毒”。唐代《本草拾遗》记载它“主恶疮杀虫”。这二者的配合显然是经过深思熟虑的。另据《东坡杂记》《绍陶录》等书的记载，当时人们熏蚊的植物还有苍术、蒌蒿等。

在宋代，“蚊烟”已是一种常见的日用品。宋人陈藻《乐轩集》的“入寿昌县界”写下“野店蚊烟接，官途松吹长”。南宋浙江鲁应龙所著《闲窗括异志》记载了浙江海盐县的一个商贩在制作印香的过程中，因为“烧熏蚊虫药，爆少火入印香篓内”引起火灾。这里“熏蚊虫药”，就是一种蚊香。不仅如此，南宋时期，词人周密的《武林旧事》一书提到制作“蚊烟”的作坊和“小经纪”。说明早年的蚊香叫作“蚊烟”。周密《武林市肆纪》也记有“蚊烟”作坊。这些表明蚊香在中国宋代确已开始进行有规模的商品生产。

明清时期蚊香的发展

利用蚊香驱蚊的方法在明清时期得到进一步的发展。在前人知识基础上，这一时期制作蚊香的形制趋向多样化，原料也进一步增多。这种情形在明初朱橚组织编写的大型方书——《普济方》中有充分的反映。

《普济方》记载当时多种蚊香的制作方法。书中的“驱蝇蚊”方，记载了一种线香的制作方法：“用锯末晒干，以硫磺（黄）多、信[①]少，用和作香筒烧之。”锯末和纸筒作为助燃物，硫黄和信石就是驱虫药。同书中“辟蚊子”方则记述的是散香的制作方法：用臭椿皮末、阿魏、芫花、夜明砂和罗木五味重要中药捣成细末，“以慢火于房内烟之”。方中前三种药可驱虫，阿魏还有类似蒜味加强驱蚊效果，不过毒性较大。另一种驱蚊散香制作方法是用苦楝花、柏树子和菖蒲碾成末；苦楝花可驱虫，柏树子和菖蒲含挥发油，点燃后，可以驱赶蚊子。

① 即信石，指砒霜。

这种蚊香的成本和毒性都比较低。

书中记述了三种不同配料的驱蚊印香制作方法。其一为用香附子、苍术、雄黄和樟脑四种药物细末，制成印香。这种蚊香里的香附子和樟脑含可杀虫的挥发油，气味芳香宜人，雄黄烟可以杀蚊，是一种较高级的蚊香。其二是“五月五日取浮萍草晒干，及二月收苦楝花、夜明砂合捣为末，作香印烧，蚊子尽去”。这种蚊香以浮萍和苦楝花两种除虫止痒的药物，配上夜明砂制作的印香，气味和毒性较小，效果也不错。其三是用木屑和天仙藤研为末制作印香，成分简单，气味清香，能让“蚊蚋尽去”。书中记载了香篆蚊香的配料：浮萍、厚朴、羌活、川芎为末，作香篆烧。此外，书中还记载丸香的制法，具体用皂角、苍术、干浮萍等分为末，饭丸弹大，令干烧之。

《普济方》中还记载了另一些蚊香制作配方。其中一种用苍术、木鳖子、雄黄等量制作，或者用雄黄、信头为细末和匀木滓作“蚊烟”。还有一种配方是用浮萍、羌活捣为末，加苍术、白胶香做成香焚烧。还有一些更简易的方法，如“五月取浮萍阴干，烧烟”，或者“以鳗鲡鱼干者，于室中烧之，即蚊子化为水矣”，也可“以送迷香合羌活，为丸散，夜烧之”。

《普济方》收录的都是迄明初时制作蚊香的各种成

分配方。其原料大体可分为三类。一类通常是杀虫剂。如上述硫黄是一种易燃、有特殊气味的杀虫剂；砒霜是著名的毒药，也可用作杀虫剂；天仙藤、木鳖子也是有毒的药物。臭樗即臭椿，和阿魏、芫花等都是有特殊气味、可用于杀虫的中药，可能因为其特殊的气味，焚烟能驱除蚊子。苦楝花、皂角，中医常用于散结杀虫。还有一类芳香或特殊气味浓烈可驱虫的药物。其中，古人认为苍术焚烟可以辟“疫气”；柏子、菖蒲、香附子、樟脑气味芳香可以驱虫，尤其是樟脑，至今仍为重要的驱虫芳香药物，故也被用于蚊香制作。羌活、川芎、厚朴也都是气味浓烈的中药，用于烟熏蚊虫应该与艾有类似功效。另外一类是辅助性的成分，如锯末、夜明砂等，主要的着眼点在于毒杀和驱赶，还要能够燃烧。为了便于人们记忆，《普济方》还收录了当时制作蚊香原料的歌诀三首：

夜明砂与海金沙，二味和同苦楝花。每到黄昏灯一捻，蚊虫飞到别人家。

木鳖茅香分两亭，雄黄少许也需秤。每到黄昏灯一柱，安床高枕到天明。

萍朴楝活芎，天仙术最雄。捣罗为香爇，一梦见周公。

除《普济方》外，明代其他一些相关著作也有熏蚊药物的记载。明代养生家高濂的《遵生八笺》记载用肉桂和薰陆香烧烟可以辟蚊。当然这两种香料也不是通常平民所能用的。李时珍在《本草纲目》的“辟除诸虫（辟蚊蚋）”中也提到，“浮萍（烧熏，或加羌活）”。其后《农政全书》中则提到“鳗鱼骨烧烟，可以驱蚊”。《谭子雕虫》一书也记载，蚊“性恶烟，旧云，以艾熏之则溃。然艾不易得，俗乃以鳗鳝鳖等骨为药，纸裹长三尺，竟夕熏之”。上述记载说明古人确实认识到艾是一种很好的蚊香材料，但由于有些地方不易获取，人们就设法用其他材料代替。上面的史实表明，虽然明代的医家发掘了不少制作蚊香的新药材，但传统的艾、浮萍、鳗鱼骨等依然是当时常用的材料。

明清年间，“蚊烟”仍然是一项可观的产业，售卖“蚊烟”也是小商贩的一种谋生手段。著名文人归有光的《可茶小传》中提到“可卖蚊烟、凉箑遣日”。《浙江通志》记载杭州府的物产有“蚊烟”，书中记述：“万历杭州府志，蚊，土人以艾烟纸裹熏之，辄避。”结合上述《武林旧事》等著作来看，杭州制作蚊香可谓历史悠久。

清代晚期，中国的蚊香制作技术开始逐渐为西方人所知。鸦片战争后，来华采集茶种的英国人福乘，在其著作《居住在华人之间》中有这方面的记载。1849年，这个英国人从浙西到闽北武夷山时，沿途气候炎热潮湿，他和随从被蚊子叮得整夜无法合眼。他的随从购买了一些当地人使用的一种蚊香，对驱杀蚊虫很有效。他把这一信息带回欧洲后，引起西方昆虫学家和化学家的极大兴趣，纷纷询问他这种蚊香是由何种物质所合成。后来，他在浙江定海了解到该蚊香的配方：由松香粉、艾蒿[①]粉、烟叶粉、少量的砒霜和硫黄混合而成。[②]从中可看出，当时制作蚊香的药物又有增加，明晚期传入的烟草，也被人们用作制“蚊香”原料。

综上所述，蚊香至晚在宋代已出现，时称“蚊烟”。其制作灵感的产生与古代敬神烧香和端午节的一些卫生习俗，以及传统的艾灸术有关，并针对蚊子怕烟习性，选取艾草、浮萍和硫黄等芳香、驱蚊的药物和杀虫剂为原料。进入20世纪，与艾草同属菊科的除虫菊传入中国后，逐渐成为制作蚊香的主要材料。如今，蚊香依然是国人常用的驱蚊用品，只是成分和形态已经发生了巨大变化。

① 艾蒿薰烟能驱蚊，因此现在南方一些地区的民众仍管青蒿叫“蚊蒿”。

② FORTUNE R. A Residence among the Chinese：Inland，on the Coast，and at Sea［M］. London：John Murray，1857：109-115.

✻ 传统文化中的博物与多识

在长期的文明发展进程中，我们的祖先对神州大地的动植物进行了广泛的探索，在认识自然、适应环境，形成自己的动植物利用方式和塑造本民族的人生哲学，乃至博物学传统方面，都发挥了举足轻重的作用。

多识以求博物不惑

为了在自然界中生存和发展，古人很早就对周围的环境进行考察，寻找自然规律。传说华夏先祖伏羲在率领众生进行生产活动时，曾“仰则观象于天，俯则观法于地，观鸟兽之文与地之宜，近取诸身，远取诸物，于是始作八卦，以通神明之德，以类万物之情。”[①] 这说明，伏羲氏曾通过观察天地和自然界的动植物，积累知识，找出它们的运行规律，以适应生存环境。其后，随社会的发展，神农尝百草，教授黎民播种百谷，开创了中国的农业和医药事业。为了更好地合理利用自然资源，后来，舜帝设立过“虞”来管理生物资源。进入周朝以后，

① 周易正义：卷 8［M］// 十三经注疏 . 北京：中华书局，1980：74.

据《周礼》记载，当时掌管地图的官员“土训”，职责中有“以辨地物而原其生，以诏地求”。换言之，当时已有专门负责掌管各地物产和征收的官员。这些都表明，进入农业社会后，人们进一步通过辨别各地的动植物，了解其生长规律并开始相关的管理，以期更好地为发展生产服务。

出于上述原因，辨识动植物很早就为教育家所重视。成书于东周时期的《诗经》，记有大量动植物。孔子为此训导弟子，读《诗经》可以“多识于鸟兽草木之名”。不仅如此，这位儒家祖师还推崇“博物”，亦即博学。他声称，郑国的子产对于百姓而言不但是仁慈的政治家，而且是“于学为博物”的学者，自己对他非常尊敬。[①] 他的谆谆教导和推崇，不仅为后世学者汲取博物学知识指明一个方向，也使众多学者热心投身于动植物的探索，追求“博物洽闻”的学术境界，使“多识”成为“博物”的一个主要方面。甚至有人认为“多识于鸟兽草木之名，是已为后世博物之宗”。[②] 当然，“多识”不仅是知道名称。诚如清代学者多隆阿在《毛诗多识》自序中指出的那样，孔夫子教诲称“识”，“亦欲人识其形色兼识其性情也”。

为了更好地理解《诗经》等经典，战国学者编了一部解经的字书《尔雅》。书中分门别类记载了大量的动

① 杨朝明，宋立林．孔子家语通解：卷3［M］．济南：齐鲁书社，2009：166.

② 清御制诗集，5集，卷91.

植物，初步形成了“草木虫鱼鸟兽”的古代动植物分类体系，成为后代博物学的一本重要典籍。热心为其作注的东晋博物学家郭璞认为:“若乃可以博物不惑，多识于鸟兽草木之名者，莫近于《尔雅》。”南北朝时期的《世说新语·纰漏》曾记载了一个有趣的故事：蔡谟避乱渡江后见到蟛蜞，以为即《劝学》篇里记载的螃蟹，煮了就吃。结果上吐下泻，几乎一命呜呼，才知所食并非螃蟹。后来他跟人道及此事，结果被嘲:“读《尔雅》不熟，几为《劝学》死。”足见在古人心目中，学习《尔雅》对实现“博物不惑”“致知多识”是何等重要。

为让世人更好地理解《诗经》，贯彻孔子的学术思想，三国时期的陆机撰写了《毛诗草木鸟兽虫鱼疏》，系统地介绍了《诗经》中出现的大量动植物。这无疑是一部别开生面的古代动植物著作，清代学者纪晓岚认为“讲多识之学者，固当以此为最古”。其后，郭璞又作了《尔雅注》。他们开辟了古代解经、发展博物学的一条路径。

不仅如此，缘于对孔子的尊崇，从“多识”的观念生发、引申，“博学多识”又成为古代学者追求的一个重要目标，而且这种博学多识不仅仅满足于知晓《诗经》中的动植物。动植物知识的探讨也在这种思潮驱动下，得到广泛重视。西汉名士司马相如的《上林赋》描绘了上林苑的壮丽景色和丰富物产，凸显自己“多识博物”

之宏才，而为时人称颂。东汉张衡更是学识渊博，号称“焉所不学，亦何不师，……一物不知，实以为耻”终成古代科技名家。他的《二京赋》充分体现其博学。唐初宰相窦威也以“博物多识”著称。

唐宋时期，园林艺术发达，大量的花卉名木为皇宫内院和达官贵人的花园别墅栽培。大量涌现的花卉著作成为众多学者汲取更多草木知识的来源。上述著作的作者中，唐代政治家李德裕可谓扩充“博学多识”内涵的著名学者。他提到自己写《平泉山居草木记》缘由时称：“因感学《诗》者多识草木之名，为《骚》者必尽荪荃之美。乃记所出山泽，庶资博闻。”作者认为学《诗》的读书人，应该多多认识植物，写作辞赋者，应该长于知悉芳草赏心悦目的美妙。故而记下山居（园林）中搜集的奇花异草，留助后人增长见识。

其后段成式也受其影响，颇具兴致地在自己的著作《酉阳杂俎》中，写下数章“广动植”。这里的“广”，显然就是“扩充”的意思。书中分“羽篇”“毛篇”“鳞介篇”“虫篇”“木篇”“草篇”等，记下大量的鸟兽虫鱼和植物；分类用词则主要借用《周礼》一书，草木鸟兽被概括为“动植”。他认为天地间的各种生物繁多，《山海经》《尔雅》等前人的著作不可能都记述。因此有必要根据自己的见闻，将前人未记载，或者所记不充分的动植物记录下来，“作《广动植》，冀掊土培丘陵之学也”[1]，指出动植物知识的积累有赖于众人努力，以达积土成山的效果。其著述动机明显为推广动植物知识的传播。书中有不少植物知识源于李德裕的著述，还有一些是域外引入的花卉果木，如水仙、茉莉、无花果和海枣（椰枣）等。

宋代，博物多识被认为是格物致知的一个重要方面。博学多才的科学家沈括被誉称“博闻精见，格物游艺”。当时的学者认为，观察动植物生长繁殖和相关习性，不仅是为了积累动植物本身知识，还为了勘破自然各种端倪，为格物致知的重要方面。他们认为：“草木之华实，禽鸟之飞鸣，动植发生有不说之成理，行不言之四时。”换言之，动植物的活动反映了相关的自然规律。增加有关动植物方面的博物知识，也是为了促进“格物”。

宋代理学发达，孔夫子的思想得到进一步的弘扬。一些学者不仅强调“多识于鸟兽草木之名，言亦可以博物”，还强调实地观察对于获取动植物学知识的重要性。史学家郑樵认为陆机作《毛诗草木鸟兽虫鱼疏》很有见识，可惜后来没有得到很好的发展。原因在于“大抵儒生家多不识田野之物，农圃人又不识诗书之旨，二者无由参合，遂使鸟兽草木之学不传”，指出缺乏实践知识的学者和没文化的农夫都无法发展动植物学。他决心改

① 段成式．酉阳杂俎：卷16［M］．方南生，点校．北京：中华书局，1981：150.

变此种状况，所以写下《昆虫草木略》。在史学著作中，把动植物单独列为一大门类，可谓前无古人。他还申言自己“在虫鱼草木则有《动植志》”[①]。郑樵编写专门的动植物著作，并把其当作专门学问，无疑在“多识鸟兽草木之名”“类万物之情”方面又推进了一步。

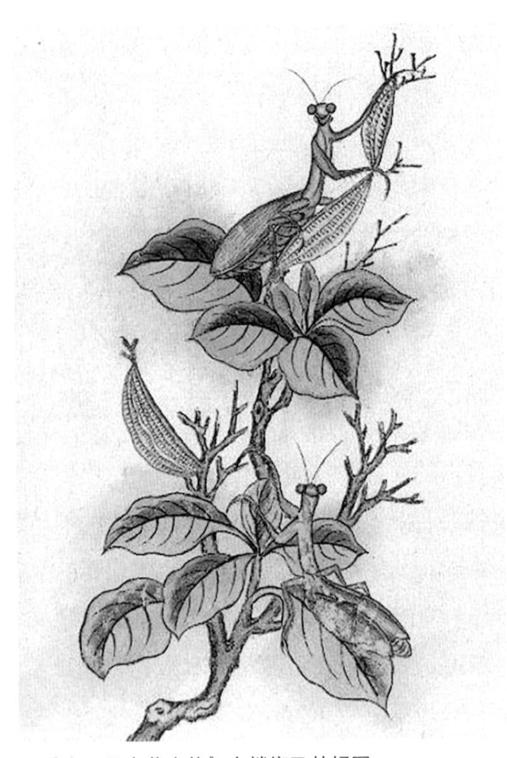

明《金石昆虫草木状》中螳螂及其蛹图

① 郑樵．夹漈遗稿：卷2［M］//丛书集成初编．上海：商务印书馆，1935.

明清时期，人们又把解经、辨名物系统的动植物学问由博物归结为“博物之学”或“多识之学”。明代学者杨士奇提到，宋代陆佃“《埤雅》二册，……此书于博物之学盖有助焉”。清代经学家指出：“幼读《论语》，孔子语学诗之益，曰：‘多识于鸟兽草木之名。’若是乎，‘博物之学’亦圣人所不废也。”康熙在《康熙几暇格物编》提到“多识之学”，认为掌握其并非易事[①]。其后，四库馆臣则指出，“多识之学”的开山之作为《毛诗草木鸟兽虫鱼疏》。这种观念也影响了后来日本学术界。浪速木孔在为日本学者冈元凤的《毛诗品物图考》一书写的跋中提及：“吾日本尝有稻（生）若水[②]先生者，自唱多识之学。”[③]很明显，这里的“博物之学”和“多识之学”与上述郑樵的“鸟兽草木之学”堪称血脉相连。

明清时期的学者秉承了宋代的传统，将考订动植物原委等的博物视作“格物致知”的重要基础。清代学者陈元龙编辑的《格致镜原》，被认为所述“皆博物之学，故曰格致”。当时的人们认为，通过广泛地了解各种动植物的原委，从中可以得到新知，也就是格物致知。乾隆时期编辑的《鸟谱》，实现了“云飞水宿之属，各以类聚。辨毛羽、志鸣声，考饮啄之宜，纪职方之产，雌

① 爱新觉罗·玄烨．康熙几暇格物编译注：卷下［M］．李迪，译注．上海：上海古籍出版社，2007：98.

② 稻生若水（1655—1715），日本江户时代著名本草学家。

③ 冈元凤．毛诗品物图考［M］．王承略，点校．济南：山东画报出版社，2002：254.

雄雏鷇，稽述靡遗”。缘于此前“肖形未备，斯格致无征”。换言之，详细地记述鸟类的形态、生态和对它们做分类，就是在践行格物致知。

清代《鸟谱》中的蓝鹊图

资博识而利民用

了解自然，是为了更好地适应和利用自然。“博物多识”最终还是要落实到“利用厚生”，开发生物资源，服务日常生活。生物资源是古代“食货”的重要组成部分。因地制宜地开发生物资源，历来是统治者必须关注的要务。这也是《大学》中倡导的人生哲学始于“格物致知”，最终落足于“治国平天下”的缘故。贤德的明君必须“德惟善政，政在养民”。时刻牢记“三事”：正德、利用、厚生。受《大学》的教诲，一般的官员也应留心这方面的工作。这也是汉代以来不断涌现记述各地动植物等物产的《异物志》《虞衡志》的原因。它们的著述也是古代博物学发展的重要动力。

这类著作主要出自地方官，尤其是一些前往新开发区域的官员。他们出于对当地新颖物产的好奇，加以记述，并形成相关专著。两汉南北朝期间，伴随岭南开发的深入，涌现了杨孚《南裔异物志》、顾微《广州记》、陈祈畅《异物志》、郭义恭《广志》，等等。到隋代，甚至让地方上报各地物产。《隋书·经籍志》记载，隋炀帝当政时，“普诏天下诸郡，条其风俗物产地图，上于尚书”。政府据此编撰《诸郡物产土俗记》。唐代比较有影响的著作包括《岭南异物志》《北户录》《岭表录异》等。它们收录了当时尚属偏远的岭南（广州）的许多物产。正如有学者评述《北户录》那样：“是书当在广州时作，载岭南风土，颇为赅备，而于物产为尤详。”宋代学者范成大在写作《桂海虞衡志》时，对创作意图有如下阐述："追记其登临之处，与风物土宜，凡方志所未载者，萃为一书。……以备土训之图。"很显然，他对广西动植物等的记述，有《周礼》资源利用思想的深深烙印。

这种思想在古代其他动植物著作中也多有体现。明初《救荒本草》的编纂者指出，各种植物都有其利用价值，如果不将它们的形态、用途加以记述，就无法物尽其用，只能任由各种兽类白白糟蹋。正因为其著述有服务于社会救荒这种崇高的目的，李约瑟称道该书主编朱橚是一个伟大的人道主义者。其后屠本畯在《闽中海错疏》中认为，古代为了管理水泽资源，特设立相关的官员予以管理，也就是《周礼·冬官》中的"川衡"，而我的官职，就隶属于汉唐以来的"冬官"，因此有义务写作这部著作，让人们更好地了解当地的海产生物资源，服务生产和国家所需。海错也就是海产。《四库提要》的作者认为《闽中海错疏》："其辨别名类，一览了然，颇有益于多识，要亦考地产者所不废也。"可见这类著作在扩展"多识"的同时，也不忘服务民生。

上述《鸟谱》的编撰，其用途也称："洵足为对时育物之资，博考洽闻之助矣！"清代吴其濬写作《植物名实图考》，也有强烈的经世致用意蕴。其序中写道："先王物土之宜，务封殖以宏民用，岂徒入药而已哉！衣则桑麻，食则麦菽，茹则蔬果，材则竹木；安身利用之资，咸取给焉。群天下不可一日无，则植物较他物为特重。”充分体现他不辞辛劳、苦心孤诣地记下国内各地所产的形形色色植物 1700 余种，逐种订名求实，以服务于生民根本之计，可谓用心良苦。其后，学者郭柏苍在《闽产录异》序中认为“方物之所生，知其性乃有其用”。而“知其性”无疑是格物目的的一部分。郭柏苍还认为：“飞潜动植盈天地间，不养人即害人，吾人多识其名，则一也；凡日用养生所需，上古帝王天生明圣，尽性穷理，为生民立命，早已取义命名，如粟菽、布帛、六畜、百草，以至虫鱼之细。”[①] 很清晰地阐释古人“多识草木鸟兽虫鱼之名”尽性穷理，归根到底还是要服务于“利用厚生”。直到 20 世纪 30 年代，教育家江恒源（1885—1961）仍希望博物学者“多识草木鸟兽之名，宏收利用厚生之益”。

愉悦心性

古人辨识动植物，追求多识、博物，还在于丰富艺术生活和陶冶性情。考比兴于风诗，摛翰藻于楚辞，是许多学者的志趣，对于充实古人精神生活有重要意义。

① 郭柏苍．闽产录异［M］．长沙：岳麓书社，1986：1.

古人追求多识，一方面固然是为更好地理解《诗经》，包括其艺术手法中的类比、托物起兴，以及相关动植物在诗文中的美学意义等。徐鼎《毛诗名物图说》序中云：“《论语》曰：‘多识于鸟兽草木之名。’有物乃有名，有名乃知物。诗人比兴，类取其义。如关雎之淑女，鹿鸣之嘉宾，……。不辨其象，何由知物。不审其名，何由知义。”[①] 然而，古人考察、摹写自然界的动植物及其各种变化，种植花草树木，常为享受林泉之致的自然美和营造优游闲适的生活环境，得到身心愉悦。

东晋著名山水诗人谢灵运《山居赋》写道：“所赋既非京都宫观游猎声色之盛，而叙山野草木水石谷稼之事，才乏昔人，心放俗外。”可见他记述山间植物山石，体现一种艺术审美，以达娱情悦性，休养身心。稍后，南朝江淹在福建任职时，也饶有兴致地记下周围自己喜欢的植物，著述《草木颂十五首》。其序写道：“心所怜者，十有五族焉，各为一颂，以写芳魂。”所记基本上都是观赏植物，包括金荆、相思、豫章、栟榈、杉、柽、杨梅、山桃、石榴、木莲、石上菖蒲、黄连、薯蓣、杜若、藿香，很显然也是从审美的角度出发，赞美这些花木。李德裕作《平泉山居草木记》也声言“嘉树芳草，性之所耽”。故此，兴趣盎然地记下自己栽培的金松、柳柏、杜鹃、月桂、山茶、木芙蓉等著名花木。他们对自然、

① 徐鼎．毛诗名物图说[M]．王承略，校注．北京：清华大学出版社，2006：1.

花木的记述，不仅推动了博物学知识的传播，也促进了花卉的驯化栽培以及园林艺术的发展。

中国很多花卉为大众普遍接受都源于名士学者的推崇。不少学者专注于一些动植物的记载，常出自审美的视角。春兰秋菊因屈原的称赏声名远扬，而东晋著名隐逸诗人陶渊明的“采菊东篱下，悠然见南山”更是获得历代无数学者的共鸣。林黛玉的“一从陶令平章后，千古高风说到今”绝非虚语。宋代刘蒙因此不懈努力，养菊写菊。他的《菊谱·谱叙》认为:“夫以一草之微，自本至末，无非可食，有功于人者。加以花色香态纤妙闲雅，可为丘壑燕静之娱。然则古人取其香以比德，而配之以岁寒之操，夫岂独然而已哉！”正是菊花具备“丘壑燕静之娱”，加上古人通过比德给菊花赋予高尚雅洁、不畏严寒的品格，让作者神往而记述。同样的，南宋学者在给王贵学《兰谱》作序写道，王于读书了解各种事物，种植兰蕙，为满足读者而作兰谱，很大程度也满足“君子养德”。其后，曾在东南竹乡考察，记下300多种竹子的元代学者李衎写作《竹谱详录》，也因为“竹之为物，自足以名世。……取象于易，作贡于书，比德于诗。”

清代陈淏子在《花镜》中也称:“余生无所好，惟嗜书与花。……余栖息一廛，快读之暇，即以课花为事。……篁清三径之凉，槐荫两阶之粲。紫燕点波，锦鳞跃浪。”因此，在观赏虫鱼花卉，亲近大自然怡然自得、尽享林泉之致的同时，记述了数百种花鸟鱼虫，留下了自己所获的新知。好友张国泰为《花镜》写的“序”，表达了对陈淏子的体悟感同身受。他说：“因花木而分课，依稀紫媚红娇；借禽鱼以娱情，仿佛鳞游羽化。”“爰修小史，多识草木之名；兼及余刊，尽述灵蠢之属。……以消永日，以享高年。”把陈淏子的著述视作积累知识，同时得到消遣和愉悦。

中国近代不少著名学者非常关注传统博物学的发扬光大。近代动物学主要奠基人秉志曾有如下总结：“吾国幅员广袤，……动植飞潜种类之富，为温带各国之冠。群芳百谷多由发源，海错山珍尽人企羡。并世利用厚生之资，盖鲜有能逾越于吾华者也。资藉既厚，研求遂精。……故多识鸟兽草木之名，为圣门之常训。”作为既在科举考试中过举人，又在美国高校中得过博士学位的学贯中西学者，他在积极倡导科学救国过程中，不忘传承传统文化的精华，为发展祖国的生物学事业做出了奠基性的巨大贡献。

格物致知利用厚生以奉

福建博物研究會

秉志

秉志的题字